DK 625.855:66.047.57

FORSCHUNGSBERICHTE
DES LANDES NORDRHEIN-WESTFALEN

Herausgegeben durch das Kultusministerium

Nr. 771

Dr.-Ing. Bruno Hille

Institut für Baumaschinen und Baubetrieb der
Technischen Hochschule Aachen
Leiter: Prof. Dr. Georg Garbotz

Die Veränderungen des Kornaufbaues während des Betriebsablaufes
beim Aufbereiten von bituminösem Mischgut unter besonderer
Berücksichtigung des Durchganges der Körnungen durch
die Trockentrommel

Als Manuskript gedruckt

WESTDEUTSCHER VERLAG / KÖLN UND OPLADEN

1959

ISBN 978-3-663-03480-3   ISBN 978-3-663-04669-1 (eBook)
DOI 10.1007/978-3-663-04669-1

Vorwort

Die Fortschritte, die beim Bau der Aufbereitungsanlagen und bei der Sorgfalt der Aufgabe der Zuschlagstoffe im bituminösen Straßenbau in den letzten Jahrzehnten gemacht worden sind, warfen in der Praxis die Frage auf, ob es bei einer sorgfältigen Zuteilung notwendig ist, das getrocknete Gestein nach dem Durchgang durch die Trockentrommel noch einmal durch eine Siebeinrichtung in mehrere Korngruppen zu trennen, bevor es in den Mischer gegeben wird. Auf einen Antrag von Herrn Professor Dr. GARBOTZ stellte der Minister für Wirtschaft und Verkehr des Landes Nordrhein-Westfalen einen Betrag für eine Forschungsarbeit zur Verfügung, die die Größenordnung der auftretenden Veränderungen in der Kornverteilung erfassen sollte, um Klarheit über die Notwendigkeit der Zwischensiebung zu erhalten. Eine weitere Summe steuerte die Gesellschaft von Freunden der Aachener Hochschule bei, um auch die Genauigkeit des Zuteilens mit Stoßaufgebern auf der Baustelle klären zu können.

Forschungsarbeiten über den Lauf des Trockengutes durch Drehtrommeln liegen aus der chemischen Industrie und dem Nahrungsmittelgewerbe vor, sie befassen sich mit staubförmigem _oder_ grobkörnigem Gut; im Vordergrund aller Arbeiten stehen die Fragen des Füllungsgrades und des Wärmeaustausches. Es lag bei den Überlegungen für die vorliegende Arbeit nahe, den Durchgang durch eine Drehtrommel auch theoretisch an einem Trockengut zu verfolgen, das sowohl staubförmige als auch grobe Körnungen umfaßt.

Alle einschlägigen Hersteller von Aufbereitungsanlagen für den bituminösen Straßenbau unterstützten die Arbeit durch den Nachweis geeigneter Baustellen und durch die Übergabe von Unterlagen, die beim Rechnungsgang und bei den Versuchen benötigt wurden. Geeignete Anlagen konnten auf Baustellen folgender Unternehmungen untersucht werden:

Wilhelm Friess, Straßenbauunternehmung, Waldkirch
Horst und Jüssen OHG., Straßenbau, Mechernich
F. Kirchhoff, Asphalt- und Teer-Straßenbau, Stuttgart
Georg Kratz, Tiefbau-Unternehmung, Ludwigshafen
Leonhard Moll, Bauunternehmung GmbH., München
Dr. Oemler, Straßenbaugesellschaft, Stuttgart
W. und J. Scheid, Straßenbauunternehmung, Limburg/Lahn
Strabag Bau-AG., Köln-Deutz
Straßen- und Teerbaugesellschaft mbH., Regensburg
Gebr. von der Wettern GmbH., Köln-Deutz

Diesen Firmen, ihren Herren Bauleitern und auch dem Bedienungspersonal der Anlagen, darf ich hier meinen Dank für die Unterstützung bei der Entnahme der insgesamt nahezu tausend Proben und für das Interesse aussprechen, das sie dem Fortschritt der Untersuchungen auf den Baustellen entgegenbrachten.

Mein besonderer Dank aber gilt meinem akademischen Lehrer, Herrn Professor Dr. GARBOTZ, für das Vertrauen, das er mir durch das Übertragen dieser Forschungsaufgabe geschenkt hat und für die tatkräftige Hilfe, die mir durch seine Ratschläge und Hinweise laufend zuteil wurde.

Es ist mir weiter eine angenehme Pflicht, Herrn Professor Dr.-Ing. RENFERT und seinem Lehrstuhl für die Anregungen zu danken, die ich beim Beschaffen der einschlägigen Literatur und in fachlicher Hinsicht bei den Versuchen und bei der Darstellung der Ergebnisse gefunden habe.

                                                                           Bruno HILLE

Gliederung

Vorwort . . . . S. 3

1. Die Aufgaben der Aufbereitungsanlagen und
   die Arbeitsgänge bei der Aufbereitung . . . . S. 7

   1.1 Das Zuteilen von Sand, Kies und Splitt . . . . S. 8

   1.2 Das Trocknen des Gesteins . . . . S. 8

   1.3 Das Abmessen der Zuschlagstoffe und des
       Bindemittels vor dem Mischer . . . . S. 8

   1.4 Das Mischen . . . . S. 8

2. Der allgemeine Aufbau der Anlagen . . . . S. 9

3. Die Dosierungsgeräte . . . . S. 11

   3.1 Aufbau und Betriebsweise . . . . S. 11

   3.2 Der Einfluß der Korngröße und des
       Wassergehaltes . . . . S. 11

4. Der Lauf des Gesteins durch die Trockentrommel . . . . S. 12

   4.1 Aufbau und Betriebsweise . . . . S. 12

   4.2 Stand der Forschung . . . . S. 15

   4.3 Gleichungen für die Bewegung des Gesteins . . . . S. 17

   4.31 Die Anfangsgeschwindigkeit des Einzel-
        kornes beim Einschuß in den Gasstrom . . . . S. 18

   4.32 Der Einfluß der Trommelneigung auf die
        Einschußrichtung der Körner . . . . S. 21

   4.33 Die Schwebegeschwindigkeiten im Gasstrom
        und die Bewegung der Gesteinskörner . . . . S. 23

   4.331 Ableitung der Bewegungsgleichung
         für die vertikale Richtung . . . . S. 26

   4.332 Ableitung der Bewegungsgleichung
         für die Richtung der Trommelachse . . . . S. 29

   4.333 Die Ermittlung der Durchlaufzeiten . . . . . . S. 31

5. Die Einrichtungen zum Nachsieben . . . . S. 34

   5.1 Aufbau und Betriebsweise . . . . S. 34

   5.2 Stand der Forschung . . . . S. 35

6. Die Mischer . . . . S. 36

   6.1 Aufbau und Betriebsweise . . . . S. 36

   6.2 Stand der Forschung . . . . S. 37

7. Das Programm für die Baustellenuntersuchungen . . . . S. 39

   7.1 Die Aufgabenstellung . . . . S. 39

   7.2 Die Auswahl der Baustellen und der Anlagen . . . . S. 41

   7.3 Die Entnahmestellen der Proben . . . . S. 42

   7.4 Die Größe der Proben . . . . S. 43

8. Die Genauigkeit beim Zuteilen . . . . S. 45

   8.1 Das angelieferte Gestein . . . . S. 45

   8.2 Das Zuteilen der Körnungen auf den Baustellen . . . . . S. 48

   8.3 Das Zuteilen der Körnungen auf dem Versuchsstand . . . . S. 50

      8.31 Grobkörnungen . . . . S. 50

      8.32 Natur- und Brechsande . . . . S. 52

9. Das Gegenüberstellen der Sieblinien . . . . S. 55

   9.1 Die Darstellung der Versuchsergebnisse . . . . S. 56

   9.2 Der Vergleich der Ergebnisse . . . . S. 58

      9.21 Der Durchgang durch die Trommel . . . . S. 58

      9.22 Der Einfluß des Siebes . . . . S. 60

      9.23 Das Mischgut . . . . S. 61

      9.24 Die Mittelwerte der Veränderungen . . . . S. 63

   9.3 Einzelauswertung . . . . S. 65

      9.31 Dauerbetrieb . . . . S. 65

      9.32 Anlauf- und Umstellzeit . . . . S. 66

      9.33 Kurzzeitige Folge der Probenahme . . . . S. 67

      9.34 Der Staubentzug in der Trommel . . . . S. 67

10. Leistungsmessungen an den Antriebsmotoren . . . . S. 68

11. Die Bindemittelverteilung . . . . S. 73

      11.1 Der Bindemittelanteil . . . . S. 73

      11.2 Der Umhüllungsgrad . . . . S. 75

12. Zusammenfassung (Ergebnisse und Folgerungen) . . . . S. 78

   Literaturverzeichnis . . . . S. 82

   Anhang: Tabellen 1 bis 20 . . . . S. 87

1. Die Aufgaben der Aufbereitungsanlagen und die Arbeitsgänge bei der Aufbereitung

Die Aufgabe der Aufbereitungsanlagen im bituminösen Straßenbau ist es, aus einer Reihe von angelieferten Gesteinskörnungen nach einem vorgeschriebenen Rezept unter Beifügung einer bestimmten Bindemittelmenge innerhalb festgelegter Temperaturgrenzen ein Mischgut herzustellen, das im Anschluß an den Aufbereiterungsprozeß zur Einbaustelle der Straßendecke transportiert wird. Das Mischgut soll ein gleichmäßig aufgebautes Mineralgerüst mit gleichbleibendem Bindemittelanteil und möglichst vollständiger Umhüllung der gesamten Gesteinsoberfläche aufweisen.

Als Baustoffe kommen gesiebte Körnungen von Natursand, Brechsand, Grubenkies und Splitt in Frage, die naturfeucht oder auch nach dem Durchgang durch eine Waschanlage mit verschieden hohem Wassergehalt angeliefert werden. Die angestrebte innige Umhüllung des Gesteins mit dem bituminösen Bindemittel fordert ein scharfes Austrocknen aller Zuschlagstoffe. Mit dem Trocknen der Mineralien wird das Erhitzen auf die Mischtemperatur verbunden. Da die temperaturempfindlichen Bindemittel nur einen geringen Prozentsatz des Gesteins ausmachen, soll die Temperatur des Gesteins beim Eintritt in den Mischer einige Grad unter der Bindemitteltemperatur liegen. Nach dem Brechvorgang, oder schon von ihrer Gewinnungsstätte her, sind die Zuschlagstoffe oft mit einem erheblichen Staubanteil verunreinigt, der zweckmäßigerweise zu einem großen Teil beim Trocknen entfernt wird. In geeigneten Fällen kann das durch das Entstauben gewonnene Feinstkorn der Mischung wieder im gewünschten Anteil als Füller zugesetzt werden. Oft ist es jedoch üblich, den vielfach stark verunreinigten rückgewonnenen Staub nicht wieder zu verwenden, sondern dem Mischgut Steinmehl beizugeben, um die Güte, den Anteil und die Verteilung des besonders für den Aufbau von hohlraumarmen Gemischen wichtigen Kornes unter 0,09 mm in der Hand zu behalten.

Die Regeln, nach denen das Mischgut für bituminöse Decken in Deutschland hergestellt und eingebaut werden muß, sind in den von der Forschungsgesellschaft für das Straßenwesen bearbeiteten und vom Bundesminister für Verkehr herausgegebenen "Technischen Richtlinien für den Bau bituminöser Fahrbahndecken" zusammengefaßt [33]. Ähnliche Bestimmungen hat z.B. in den Vereinigten Staaten das Asphalt-Institut [34] herausgegeben; in Großbritannien wurden sie in den British Standards [35] niedergelegt.

Aus den angeführten Aufgaben und Forderungen ergeben sich für den <u>Betriebsablauf</u> der Aufbereitung folgende Arbeitsgänge:

1.1 Das Zuteilen von Sand, Kies und Splitt

Die zur Aufbereitungsanlage getrennt nach Gesteinsart und Korngröße angelieferten Zuschlagstoffe werden nach Raum- oder Gewichtsteilen zusammengestellt, auf ein Sammelband gegeben und zum Eingang der Trockentrommel befördert.

1.2 Das Trocknen des Gesteins

In der zweiten Stufe des Arbeitsganges wird das Gestein getrocknet und erhitzt. Die Endtemperatur muß auf das verwendete Bindemittel abgestellt sein; der Wassergehalt der getrockneten Zuschläge soll unter 0,5 % liegen.

Nach dem Merkblatt "Typenbeschränkung und Kennzeichnung der Maschinen im bituminösen Straßenbau" vom 15.9.1952 der Forschungsgesellschaft für das Straßenwesen wird die Leistung der Trocken- und Mischanlagen in t/h für hohlraumarmes Mischgut bei einem Wasserentzug von 5 % auf unter 0,5% für einen Temperaturanstieg von 180° C und für offenes Gut bei einem Wasserentzug von 3 % auf unter 0,5 % für einen Temperaturanstieg von 80° C angegeben.

1.3 Das Abmessen der Zuschlagstoffe und des Bindemittels vor dem Mischer

Nach dem Verlassen der Trockentrommel wird das getrocknete und erhitzte Gestein über raum- oder gewichtsmäßig arbeitende Abmeßvorrichtungen zusammen mit dem Bindemittel und dem etwa geforderten Fülleranteil dem Mischer zugeführt. Da häufig der Vorwurf erhoben wird, daß beim Durchgang der Zuschlagstoffe durch die Trockentrommel ein Entmischen des durch die Aufgabevorrichtung zusammengestellten Kornaufbaues stattfindet, das die beim Zuteilen auftretenden Fehler vergrößert, wird bei zahlreichen Aufbereitungsanlagen der Umweg eingeschlagen, die aus der Trommel austretenden Zuschläge über eine Siebanlage zu schicken und die geforderten Gesteinsmengen nach dieser Zwischensiebung in zwei bis vier getrennt abmeßbaren Fraktionen in den Mischer zu geben.

1.4 Das Mischen

Die Aufgabe- bzw. Wäge- oder Abmeßbehälter der Zuschlagstoffe, des Steinmehls und des Bindemittels sind über dem Mischer oder dem zugehörigen Beschicker angeordnet. Für hohlraumarme Deckschichten und Binder finden ausschließlich Zwangsmischer Verwendung; beim Aufbereiten von grobkörnigen Mischungen sind neuerdings auch Freifallmischer mit Erfolg eingesetzt worden. Die vorzuschreibende Mischdauer muß ein gleichmäßiges und vollständiges Umhüllen aller Gesteinsteilchen durch das Bindemittel sicherstellen.

2. Der allgemeine Aufbau der Anlagen

Der grundsätzliche Aufbau wird durch die Zweckbestimmung einer stationären oder einer fahrbaren Anlage und durch die geforderte Leistung festgelegt. Bei kleineren Geräten bis zu etwa 30/35 t/h Leistung ist es möglich, die gesamte Trocken- und Mischeinrichtung auf einem gemeinsamen Fahrgestell unterzubringen und als einteilige Anlage herzurichten [10]. Von ausschlaggebender Bedeutung für den Aufbau ist die Arbeitsweise des Mischers und das Einfügen bzw. der Verzicht auf eine Siebeinrichtung für die aus der Trockentrommel kommenden Zuschlagstoffe.

Kennzeichnend für einen rationellen Betriebsablauf ist neben dem der Trocken- und Mischanlage stets vorgeschalteten mehrteiligen Dosierapparat der wärmeisolierte Verladesilo, der einen Vorrat an Mischgut von einigen Wagenladungen fassen kann, um Betriebsunterbrechungen durch das Fehlen von Fahrzeugen überbrücken zu können.

Als typisch für die heute üblichen Bauarten können die in den Abbildungen 1 bis 4 wiedergegebenen Geräteanordnungen dienen. Die in Abbildung 1 dargestellte einteilige Anlage ist, ebenso wie die mehrteilige Anlage der Abbildung 2, mit einer Siebrichtung und einem Chargenmischer ausgerüstet. Durch einen Verzicht auf den Siebsatz ließe sich ein wesentliches Einsparen an Bauhöhe und Konstruktionsgewicht und an Transport- und Montagekosten erzielen.

Die Mischer der Abbildung 3 und 4 arbeiten kontinuierlich; der Fluß der aufgegebenen Baustoffe wird an keiner Stelle gestaut oder unterbrochen. Die in Abbildung 3 skizzierte mehrteilige Anlage besitzt die der Bauweise der amerikanischen Hersteller eigentümliche kurze, gedrungene Trockentrommel. Das Beschicken des Durchlaufmischers übernimmt ein Abzugsband unter dem Sammelsilo für das Trockengestein. Der Gesteinsstrom aus der Trommel kann auch unmittelbar in einem Wägebehälter geleitet werden, der seinen Inhalt automatisch entleert, wenn das eingestellte Gewicht erreicht ist (Abb. 4). Mit dem Kippen des Behälters wird das Einspritzen des zugehörigen Bindemittelanteils und die Zugabe der etwa benötigten Füllermenge ausgelöst.

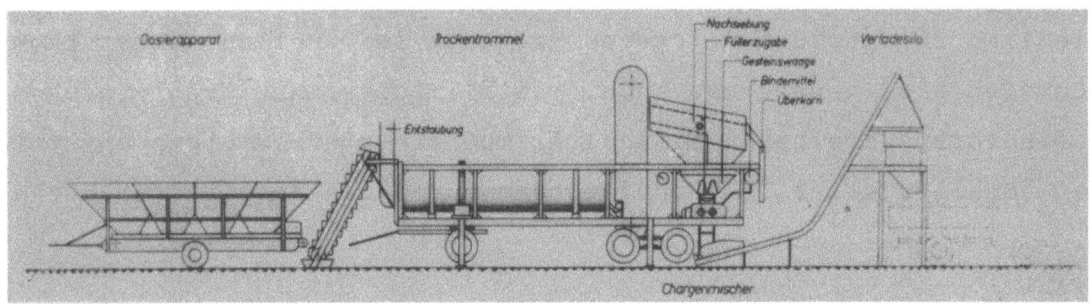

Abbildung 1

Aufbereitungsanlage mit Nachsiebung und Chargenmischer

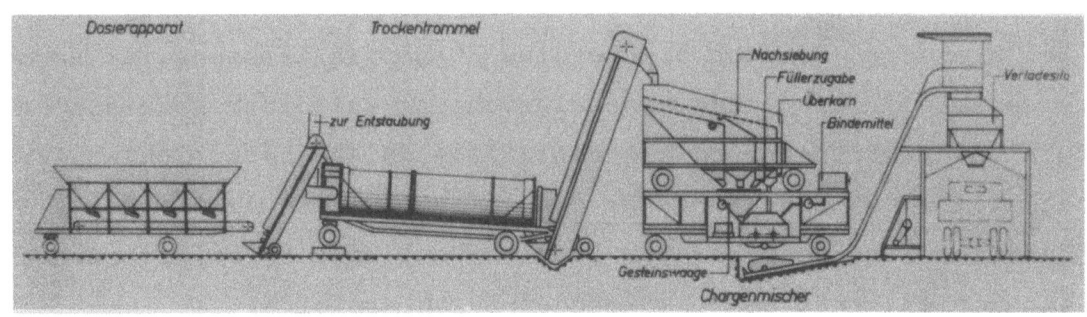

Abbildung 2

Mehrteilige Aufbereiterungsanlage mit Nachsiebung und Chargenmischer

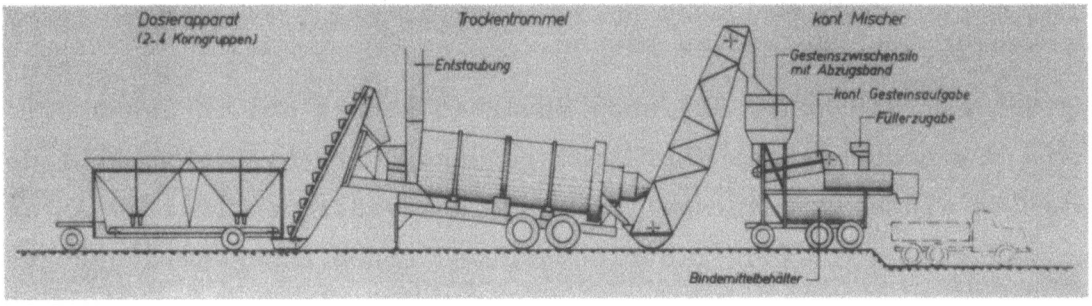

Abbildung 3

Mehrteilige amerikanische kontinuierlich arbeitende Aufbereitungsanlage

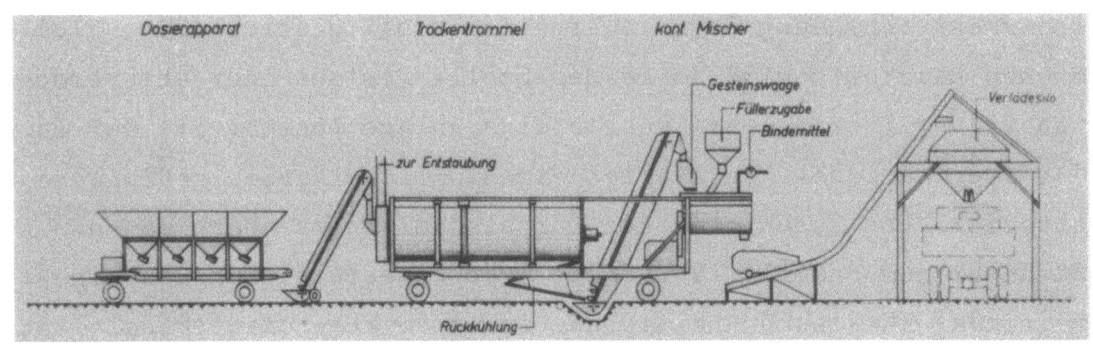

Abbildung 4

Kontinuierlich arbeitende Aufbereitungsanlage

3. Die Dosiergeräte

3.1 Aufbau und Betriebsweise

Die in drei bis fünf Behälter unterteilten Dosierapparate können auf leichten Stahlgerüsten, auf Betonfundamenten oder auch auf einem Fahrgestell montiert verwendet werden. Sie müssen dann in ihren Außenabmessungen und mit ihrem Leergewicht in den für den Straßenverkehr zulässigen Grenzen bleiben. Für das Zuteilen der einzelnen Körnungen sind Stoßaufgeber mit verstellbarer Auslauföffnung und regelbarer Hublänge üblich (Abb. 5), die über einen Exzenter angetrieben werden. Um überdies die Aufgabeleistung der Leistung der nachfolgenden Trockentrommel ohne Neueinstellung der einzelnen Stoßspeiser anpassen zu können, ist eine Drehzahlregelung zum Verändern der Hubzahl zweckmäßig [17]. Das in Amerika und in England bevorzugt verwendete Abzugsband (Abb. 6) mit verstellbarem Aufgabequerschnitt hat beim deutschen Straßenbau nur geringe Verbreitung gefunden.

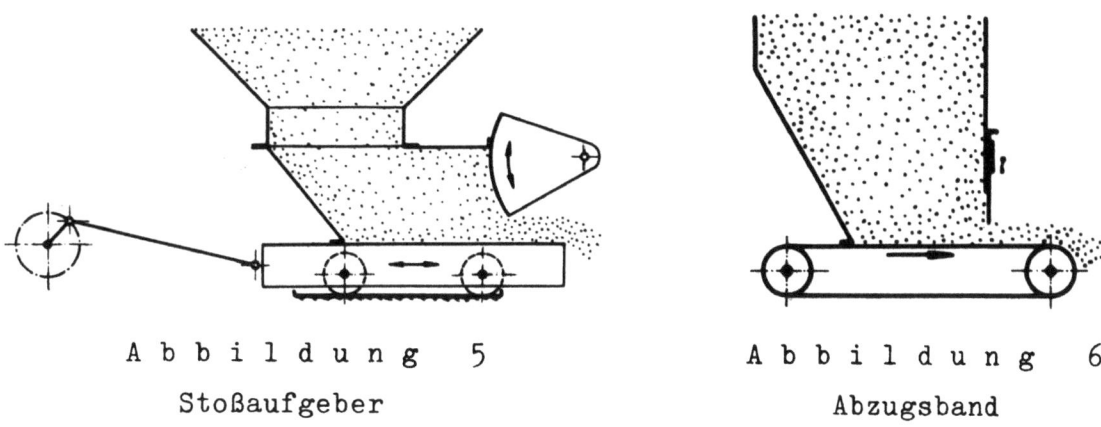

Abbildung 5
Stoßaufgeber

Abbildung 6
Abzugsband

3.2 Der Einfluß der Korngröße und des Wassergehaltes

Die Genauigkeit des Zumessens durch die Stoßaufgeber ist wesentlich von der Körnung der Zuschlagstoffe abhängig. Bei feinen Sandkörnungen übt weiterhin der vorhandene Wassergehalt einen erheblichen Einfluß auf die Betriebssicherheit aus. Die verschiedenen Versuche, durch das Anbringen von Vibratoren oder aufblasbaren Luftkissen an den Silowandungen eine Brückenbildung am Auslauf zu verhindern, hat meist nur zu vorübergehenden Erfolgen geführt. Abweichungen von der geforderten Aufgabemenge sind bei Feinkörnungen nicht nur durch Störungen beim Nachfließen des Gutes, sondern auch durch die Abhängigkeit des Trockenraumgewichtes vom Wassergehalt zu erwarten [19]. Auf den Einfluß des Wassergehaltes bei Natur- und Brechsanden wird bei dem Ermitteln der im Betrieb auftretenden Fehlergrenzen in der Aufgabe besonderes Augenmerk zu richten sein.

4. Der Lauf des Gesteins durch die Trockentrommel

4.1 Aufbau und Betriebsweise

Zum Beheizen der langsam rotierenden Trockentrommeln dient heute ohne Ausnahme Ölfeuerung im Gegenstrom-Verfahren. Trotz der gleichmäßigeren Gesteinserwärmung beim Gleichstromverfahren überwiegen die Vorteile des Gegenstrombetriebes, mit dem sich die beim Heißeinbau angestrebten hohen Endtemperaturen des Gesteins bis zu 190° C erreichen und die Forderung nach scharfem Austrocknen bis unter 0,5 % Wassergehalt erfüllen lassen. Mit dem starken Erhitzen kann das im Mineral gebundene Kristallwasser entfernt werden. Als zweckmäßige Brennerform hat sich für die erforderliche langgezogene Flamme der Hoch-Niederdruck-Brenner erwiesen, bei dem auf eine Schamotte-Auskleidung verzichtet werden kann. Für große Trockenleistungen sind Trommeln mit zwei Brennern und parallel liegenden Flammen erforderlich. Besonders lange Trommeln mit Brennern an beiden Enden, die nach einem kombinierten Gleich-Gegenstrom-Verfahren arbeiten und sehr kurz gehaltene Doppeltrommeln, bei denen der Ölbrenner die Aufgabe der Zuschlagstoffe, die Staubabsaugung und der Auswurf des getrockneten Gesteins an demselben Trommelende liegen, sind als Sonderformen zu betrachten.

Beim Drehen der Trommel wird das nasse Gestein durch Hubleisten an der Innenwandung mitgenommen und rieselt im oberen Bereich der Trommel als weitgehend verteilter Gesteinsschleier von den Einbaublechen ab. Das häufige Umwälzen des Gesteins und der wiederholte Durchgang durch die Flamme sorgen für einen innigen Wärmeaustausch.

Die gebräuchlichen Formen der Einbauten sind in den Abbildungen 7 bis 10 dargestellt. Die hochgezogenen Vorderkanten der Hubbleche fördern das Mitnehmen eines Teiles des Gesteins über den Scheitelpunkt hinweg, um einen möglichst breiten Teil des Trommelquerschnitts für den Wärmeaustausch zwischen den Feuerungsgasen und dem Trockengut auszunutzen. Die in der chemischen Industrie in Trockentrommeln häufig verwendeten Rieseleinbauten sind bei den Straßenbau-Aufbereitungsanlagen nicht anzutreffen.

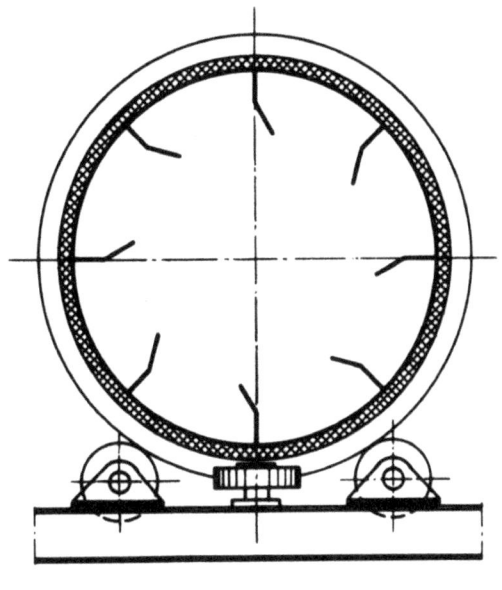

Abbildung 7
Geneigte Hubleisten

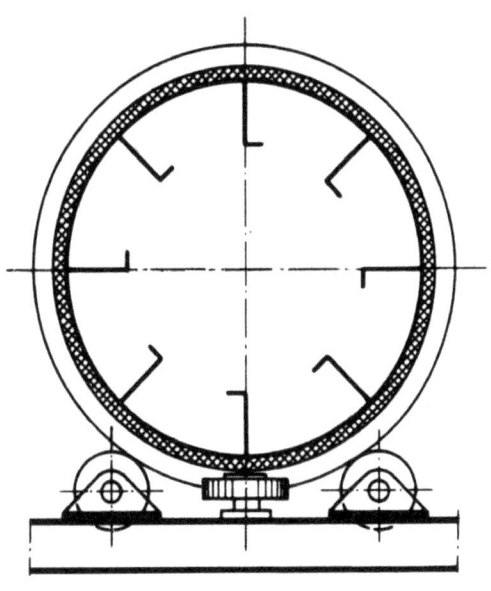

Abbildung 8
Rechtwinklige Hubleisten

Abbildung 9
Trommel mit Schneckenzügen

Abbildung 10
Hubrinnen (amerikanische Bauart)

Die Längsförderung des Trockengutes wird durch Neigung der Trommelachse, durch Längsneigung der Hubbleche oder durch Schneckenzüge an der Innenwandung (Abb. 9) unterstützt. Der auf die Zeiteinheit bezogene Durchsatz läßt sich durch Erhöhen der Aufgabenleistung und bei einigen Bauarten auch durch Verändern der Drehzahl den Eigenschaften des Trockengutes anpassen. Die Trommeln und ihre Einbauten sind so zu bemessen, daß das Gut so lange in der Trommel bleibt, bis es ausreichend getrocknet ist und die geforderte Endtemperatur angenommen hat.

Als <u>Füllungsgrad p</u> wird der vom Trockengut ausgefüllte Teil in % des Trommelvolumens bezeichnet. Er ist abhängig von den Abmessungen der Trommel, von der Form und Zahl der Einbauten, von den Betriebsbedingungen (Trommelneigung, Drehzahl, Luftgeschwindigkeit und Strömungsrichtung), von den physikalischen Eigenschaften des Trockengutes (Korngröße, Kornform, Wichte, Böschungswinkel, Wassergehalt) und muß auf die Durchsatzleistung, die zugeführte Wärmemenge und die benötigte Endtemperatur abgestimmt werden.

Die im bituminösen Straßenbau üblichen <u>Abmessungen</u> der Trockner liegen für die Durchmesser zwischen 600 und 2000 mm, für die Trommellängen zwischen 2500 und 12000 mm. Das Verhältnis von Durchmesser zu Länge wird bei den in Deutschland gebauten Trommeln mit etwa 1 : 5,5 gewählt; im Gegensatz zu dieser Auffassung gehen die amerikanischen Hersteller mit dem Schlankheitsgrad bis zu 1 : 2,2. Als Drehzahlen kommen 8 bis 12, gelegentlich auch 14 bis 18 U/min in Frage.

Der <u>Wasseranteil</u> der angelieferten Sand- und Splittkörnungen bewegt sich in verhältnismäßig engen Grenzen. Abhängig von den Anteilen an Natur- und Brechsand liegt der Wassergehalt des Gesamtgemisches auf der Baustelle erfahrungsgemäß am Trommeleingang zwischen 3 und 5 %. Ein mittlerer Anteil über 4 % ist nur festzustellen, wenn Sande verarbeitet werden, die einem anhaltenden Regen ausgesetzt waren oder im Anschluß an eine Wäsche zur Aufbereitungsanlage kommen.

Erhebliche Aufmerksamkeit verdient das <u>Entstauben</u> des Gesteins; der aus der Trommel abgesaugte Staub sammelt sich in Zyklonen, an die auch die übrigen Punkte mit starker Staubentwicklung angeschlossen sind. Dieser Verlust an Feinstkorn soll bei den nachfolgenden Betrachtungen und bei den Untersuchungen auf den Baustellen besondere Beachtung finden. Die Geschwindigkeit des Luftstromes in der Trommel liegt im Mittel zwischen 1,5 und 2,5 m/s; sie darf nicht zu hoch angesetzt werden, damit dem Mineral nicht über den Staub hinaus auch für den Aufbau der Mischung benötigtes Feinkorn entzogen wird. Den Forderungen der Gewerbeaufsichtsbehörden entsprechend, wird der von der abgesaugten Luft mitgerissene Staub zu etwa 90 % in den Zyklonen abgeschieden; nur bei stationären Anlagen sind die Aufwendungen für einen höheren Entstaubungsgrad wirtschaftlich vertretbar.

4.2 Stand der Forschung

Mit der Klärung der Vorgänge beim Trocknen in Drehtrommeln beschäftigten sich mannigfache Untersuchungen, die Erfahrungswerte lieferten, nach denen Grundsätze für die Berechnung der Trockner aufgestellt werden können [6, 21, 22]. Untersuchungen von STILLER [26] mit Gleich- und Gegenstromtrommeln brachten Aufschlüsse über den Verlauf der Gesteinsfeuchtigkeit, der Gesteinserwärmung und ihrer Abhängigkeit von der Temperatur der Heizgase. Die mittlere Durchlaufzeit t [h] durch eine Trommel von der Länge L [m] ergibt sich aus

$$t = \frac{L \cdot p}{100 \cdot M_o} ,$$

wenn M_o die Gutmenge in m^3 ist, die in einer Stunde durch einen Quadratmeter des Trommelquerschnittes F läuft. Wird die stündlich aufgegebene Menge bei einem Schüttgewicht γ mit G und das Leervolumen der Trommel mit V bezeichnet, so folgt aus

$$V = F \cdot L \quad \text{und}$$

$$G = \gamma \cdot M_o \cdot F$$

$$t = \frac{\gamma \cdot p}{100 \cdot G} \cdot V \; [h] .$$

Für die Bemessung einer Trommel wird die Durchlaufzeit für das gegebene Trockengut durch Versuche bestimmt.

Um der Praxis nahekommende Gleichungen zu erhalten, wurden in zahlreichen Versuchsreihen Faktoren ermittelt und in diese Ausgangsgleichung eingeführt, die die Veränderungen der Trommelneigung, der Drehzahl und der Luftgeschwindigkeit in der Trommel erfassen sollten. Ein Vergleich der Ergebnisse bei den verschiedenen Forschungsarbeiten zeigt weit voneinander abweichende Angaben und soviel Ungenauigkeiten, daß allgemeingültige Lösungen in den gefundenen Werten nicht zu sehen sind. Besonders auffällig ist bei den verschiedenen Darstellungen der Versuchsergebnisse, daß bei konstanten Aufgabemengen für verschiedene Trockengüter und bei unterschiedlichem Kornaufbau die Werte für die Trommelfüllung um 10 bis 60 % voneinander abweichen [6]. Eine Erklärung für diese Unterschiede gibt die Betrachtung des Fortbewegungsvorganges des Trockengutes in der Drehtrommel. Nach dem Anheben auf den Hubleisten stürzt das Gut beim Drehen der Trommel, abhängig vom Wassergehalt und von der

Korngröße, in Form von Brocken und Klumpen durch den Trommelquerschnitt oder es rieselt als eine Anhäufung von Einzelkörnern oder als Rieselschleier von den Hubblechen herab.

Wird der mittlere Weg, den das Trockengut bei jedem Herabfallen zurücklegt, mit h_m bezeichnet (Abb. 11) und hat die Trommelachse die Neigung α, so ist der von jedem Korn in der Längsachse zurückgelegte Weg bei n U/min der Trommel

$$S = n \cdot h_m \cdot tg\alpha \quad [m/min] \ .$$

ANOCHIN gibt nach praktischen Erfahrungen an, daß die Zahl der Abrieselungen je Umdrehung zwischen 1,7 und 2,5 liegt; die mittlere Fallhöhe kann mit etwa 0,6 · D angesetzt werden [1]. Die Wirkung der Luftströmung in der Trommel ist bei dieser Gleichung noch nicht berücksichtigt.

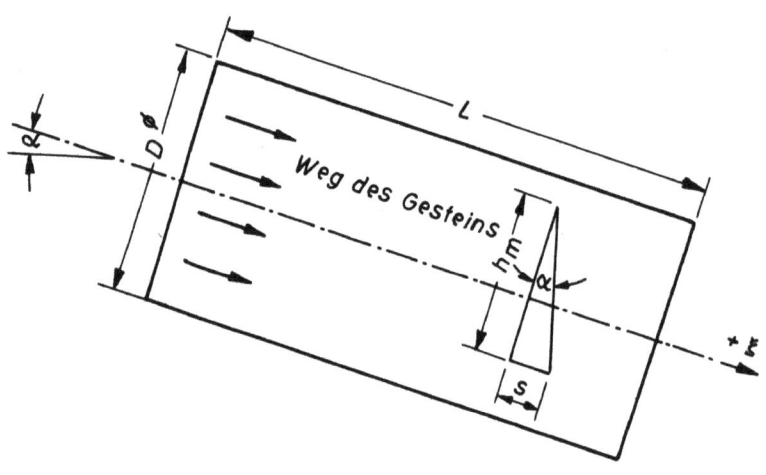

Abbildung 11

Die zweite Bewegung des Trockengutes resultiert aus dem Bestreben der Körner zu rutschen und zu rollen, wenn sie am Boden der Trommel oder auf den Hubblechen liegen. Diese Fall-, Rutsch- und Rollbewegungen des Gesamt-Trockengutes treffen mit dem nicht erfaßbaren Lauf von Einzelkörnern zusammen, die nach dem Auffallen wieder hochspringen und durch die Neigung der Trommel auf dem Boden vereinzelt zum Ausgang vorauseilen.

Auf alle diese Bewegungen sind die physikalischen Eigenschaften des Trockengutes von großem Einfluß, die die von einander abweichenden Trommelfüllungsgrade verursachen. Bei den Forschungsarbeiten von FRIEDMAN und MARSHALL ergab sich in zahlreichen Versuchen mit verschiedenen Trockengütern mit dem Gleich- und Gegenstromverfahren, daß der Luftstrom beim Gegenstromprinzip eine Vergrößerung der Füllmenge um einen konstanten Betrag hervorruft. Die Zunahmemenge ist abhängig von der Luftgeschwindigkeit, vom Durchmesser der Körner und von der Wichte des Trockengutes. Die Luftgeschwindigkeit wurde bei den Versuchen so begrenzt, daß keine zu großen Entstaubungen auftraten. Beim Gleichstromprinzip stellte man eine Verminderung des Füllungsgrades um einen gleichen Betrag fest.

Mit der Aufenthaltszeit des Gutes in der Drehtrommel beschäftigten sich van KREVELEN und HOFTIJZER [21]. In ausgedehnten Versuchsreihen wurde die Aufenthaltszeit t indirekt als Quotient des Trommelinhalts in kg und der Materialaufgabe [kg/min] ermittelt. Dabei zeigte sich, daß das Produkt aus der Drehzahl, der Aufenthaltszeit, dem Tangens des Neigungswinkels der Trommelachse und dem Quotienten aus Durchmesser und Länge annähernd konstant bleibt:

$$\boxed{n \cdot t \cdot tg\alpha \cdot \frac{D}{L} = const.}$$

Eine zweite Serie von Versuchsreihen diente zum <u>direkten</u> Bestimmen der Aufenthaltszeit durch fortlaufendes Wägen der aus der Experimentiertrommel austretenden Mengen. Wegen der gegenseitigen Behinderung des rutschenden, fallenden und rieselnden Gutes traten erhebliche Abweichungen bei den gemessenen Zeiten auf. Mit einer großen Anzahl von Versuchen ließ sich jedoch aus dem der GAUSSchen Wahrscheinlichkeitskurve ähnlichen Verlauf der Funktion ein scharfes Maximum erkennen, das die mittlere Aufenthaltszeit des Trockengutes in der Trommel anzeigte. Die auf direktem und auf indirektem Wege ermittelten Zeiten stimmten gut miteinander überein. Auch die angeschlossenen Versuche an Industrietrommeln mit gefärbten Körnern lieferten befriedigende Ergebnisse.

4.3 Gleichungen für die Bewegung des Gesteins

Bezeichnungen:

D	Trommeldurchmesser	h	Fallhöhe der Körner
R	Trommelradius	h_m	mittlere Fallhöhe der Körner
L	Trommellänge	d	Durchmesser der Gesteinskörner
F	Trommelquerschnittsfläche	γ_K	Wichte der Gesteinskörner
V	Trommelvolumen	γ_L	Wichte des Gases bei 800°C
b	Breite der Hubleisten	w	Fallgeschwindigkeit eines Kornes
γ_s	Böschungswinkel der Bewegung		

a	Vorderkante der Hubbleche	w_0	Anfangsgeschwindigkeit beim Einschuß
l_0	Abrollstrecke auf Böschungsebene	w_s	Schwebegeschwindigkeit
n	Trommeldrehzahl U/min	w_L	Geschwindigkeit des Gasstromes
α	Neigungswinkel der Trommelachse	C	Widerstandszahl von Kugeln
		t	Temperatur in C
φ	Drehwinkel der Trommel	T	absolute Temperatur in K
ψ	Neigungswinkel des Abrollweges gegen die Normale	R	Gaskonstante
		ν	kinematische Zähigkeit
ϑ	Einschußwinkel der Gesteinskörner	μ	Zähigkeitsziffer (dynamische Zähigkeit)

4.31 Die Anfangsgeschwindigkeit des Einzelkornes beim Einschuß in den Gasstrom

Für die Berechnung der Durchlaufzeiten der Gesteinskörner ist zunächst der Fall der Körner durch den Gasstrom zu betrachten. Das auf den Hubleisten durch die Drehung der Trommel nach oben getragene Gestein wird mit einer Anfangsgeschwindigkeit in den Gasstrom eingeschossen und fällt auf den Trommelboden zurück. Diese Anfangsgeschwindigkeit ist abhängig von der Form und der Breite der Hubleisten, vom Schüttwinkel (Böschungswinkel der Bewegung) des Trockengutes und von der Neigung der Hubleisten bzw. der Trommelachse gegen die Horizontale. Sie kann auf dem von KRÖLL [22] im Zusammenhang mit einer sorgfältigen Untersuchung der Vorgänge in den Trockentrommeln angegebenem Wege errechnet werden. Bei der in Abbildung 8 und 12 dargestellten Form der Hubleisten mit den Schenkellängen b und a beginnt das Abstürzen einer Schicht von der Oberfläche des Gutshaufens in dem Augenblick der Drehung der Trommel, wenn der Böschungswinkel γ_s überschritten wird. Diese sehr dünne gedachte Gutsschicht ist in der Abbildung durch das Dreieck A C C_1 dargestellt. Ein Massenteilchen dieser Schicht mit der Breite 1 in Richtung der Trommelachse hat die Größe

$$dm = dx \cdot x \cdot d\gamma_g \cdot \varrho \quad ,$$

wenn seine Dicke $x \cdot d\gamma_g$, seine Höhe dx und seine Dichte ϱ ist. Die Endgeschwindigkeit eines Teilchens auf einer schiefen Ebene ist unabhängig vom Neigungswinkel der Ebene; sie wird nur bestimmt durch die Höhe seiner Anfangslage über dem Fußpunkt

$$v = \sqrt{2 \cdot g \cdot h} \quad .$$

Da die Bewegung an der Oberfläche
der Schicht infolge der Reibung in
einem Wechsel von Rollen und Rutschen vor sich geht, soll die Fallhöhe bei der Bestimmung der Geschwindigkeit durch den Faktor ε_H reduziert
werden, für den in der unten folgen-
den Zahlenrechnung der Wert 0,5 angenommen wird:

$$v = \sqrt{2g \cdot \varepsilon_H \cdot h} \;.$$

ε_H ist eine Funktion des Reibungsbei-
wertes der Ruhe und der Bewegung.

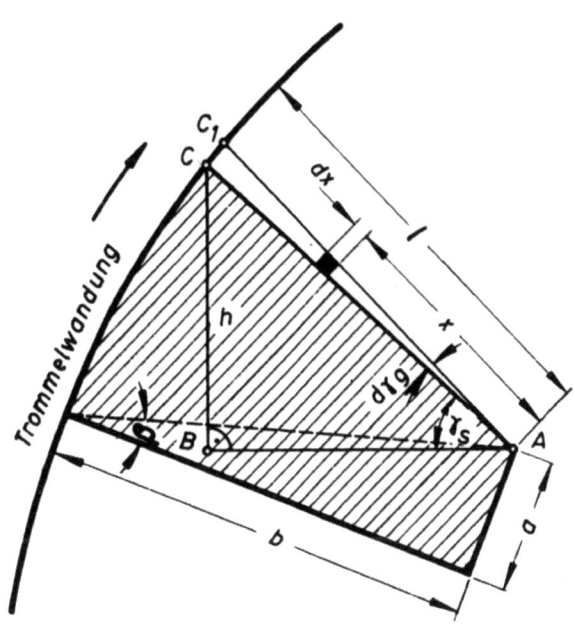

Abbildung 12

Bei einer ungehinderten Bewegung der
Einzelkörner auf der Oberfläche wür-
den die bei C liegenden Teile eine große Endgeschwindigkeit am Punkte A
erreichen, während die bei A befindlichen Körner aus der Ruhelage abstürzen. Da die Teilchen während ihrer Bewegung wechselweise elastisch
aufeinanderprallen, findet ein Ausgleich der Geschwindigkeit bis zum
Erreichen des Punktes A statt.

Der Impuls oder die Bewegungsgröße ist

$$G = \int v \cdot dm$$

$$G = \int x \cdot d\gamma_g \cdot g \cdot \sqrt{2g \cdot \varepsilon_H \cdot x \cdot \sin\gamma_s} \cdot dx \;.$$

Die gesamte Bewegungsgröße der Schicht $A\,C\,C_1$ beim Punkt A ist dann
durch Integrieren zwischen den Grenzen $x = 0$ und $x = 1$ zu errechnen:

$$G = \int_{x=0}^{x=l} x \cdot d\gamma_g \cdot g \cdot \sqrt{2g \cdot \varepsilon_H \cdot x \cdot \sin\gamma_s} \cdot dx$$

daraus ergibt sich:

$$G = \frac{2}{5} \cdot l^2 \cdot d\gamma_g \cdot g \cdot \sqrt{2 \cdot g \cdot \varepsilon_H \cdot l \cdot \sin\gamma_s} \;.$$

Wird die durchschnittliche Geschwindigkeit der abstürzenden Teile bei
A mit w_o bezeichnet, so ist die Bewegungsgröße auch gegeben durch

$$G = \frac{l \cdot d\gamma_g \cdot l}{2} \cdot g \cdot w_o \;.$$

Aus diesen beiden Gleichungen folgt

$$w_0 = \frac{4}{5} \cdot \sqrt{2 \cdot g \cdot \varepsilon_H \cdot l \cdot \sin\gamma_s}$$

Der im Verhältnis zur Schwerkraft wegen der kleinen Umfangsgeschwindigkeit geringere Einfluß der Fliehkraft kann in der Rechnung unberücksichtigt bleiben. In die Gleichung muß zur Berechnung der Anfangsgeschwindig-

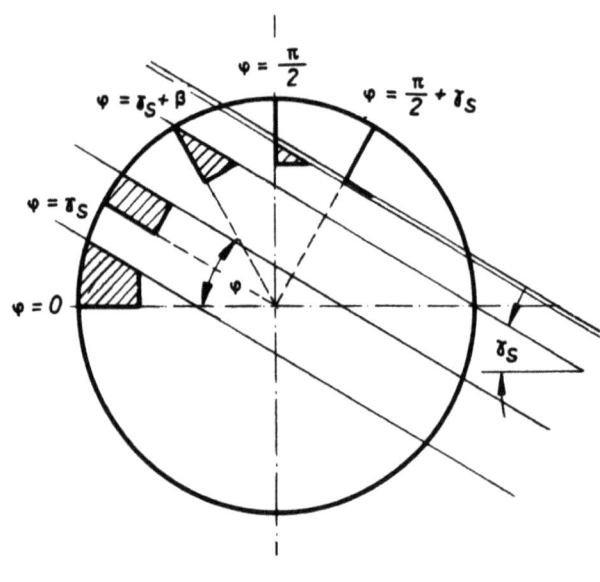

Abbildung 13

Abwurf des Gutes bei Trommeldrehung um den Winkel φ

keit für die Strecke l ein Mittelwert gesetzt werden, der sich beim Drehen der Trommel aus der Lage $\varphi = 0$ bis zur Beendigung des Abwurfes $\varphi = \frac{\pi}{2} + \gamma_s$ ergibt (Abb. 13). Der Verlauf der Funktion $l = f(\varphi)$ ist nicht stetig. Von $\varphi = 0$ bis $\varphi = \gamma_s + \beta$ ist l abhängig von b, a, γ_s und vom Schnittpunkt der Böschungsebene mit dem Kreis R (Trommelwandung). Von $\varphi = \gamma_s + \beta$ bis $\varphi = \frac{\pi}{2} + \gamma_s$ sind die Hubleisten nicht mehr voll gefüllt; in diesem Bereich des Drehwinkels ist l abhängig von a und γ_s.

In den beiden Bereichen des Drehwinkels φ ergibt sich für l der in Abbildung 14 dargestellte Verlauf. Für den linken Teil kann im Mittel l_I annähernd gleich b gesetzt werden; im rechten Teil ergibt sich durch Integration zwischen den Grenzen

$\varphi = \gamma_s + \beta$ und $\varphi = \frac{\pi}{2} + \gamma_s$ als mittlerer Wert

$$l_{II} = \frac{1}{\frac{\pi}{2} - \beta} \cdot \int_{\beta}^{\frac{\pi}{2}} \frac{a}{\sin(\varphi - \gamma_s)} \cdot d(\varphi - \gamma_s)$$

$$l_{II} = \frac{a}{\frac{\pi}{2} - \beta} \cdot \ln \operatorname{tg} \frac{\beta}{2} \quad .$$

Für den gesamten Abwurfbereich nimmt der Mittelwert die Form an:

$$l = \frac{1}{\left(\frac{\pi}{2} + \gamma_s\right)} \cdot \left[b \cdot (\gamma_s + \beta) + a \cdot \ln \operatorname{tg} \frac{\beta}{2} \right]$$

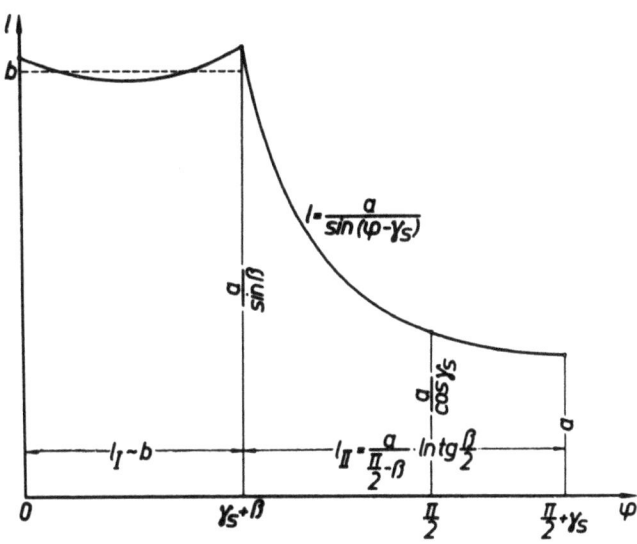

Abbildung 14

Mittelwert des Abrollweges l als Funktion des Drehwinkels

4.32 Der Einfluß der Trommelneigung auf die Einschußrichtung der Körner

Bei den vorstehenden Überlegungen wurde angenommen, daß der Weg der Gesteinskörner beim Abrollen senkrecht zur Vorderkante der Hubleisten gerichtet ist. Da die Trommelachse um den Winkel α gegen die Horizontale geneigt ist, um das Trockengut weiterzufördern, bildet die Abrollrichtung C B mit der Normalen C A den Winkel ψ, der sich mit den Bezeichnungen der Abbildung 15 errechnen läßt:

$$\sin \psi = \frac{\sin \alpha}{\sin \gamma_s}$$

Die Länge des Abrollweges eines Gesteinsteilchens, das zu Beginn seiner Bewegung im Punkte C liegt, wird mit Berücksichtigung der Trommelneigung:

$$CB = l_0 = \frac{l}{\cos \psi}$$

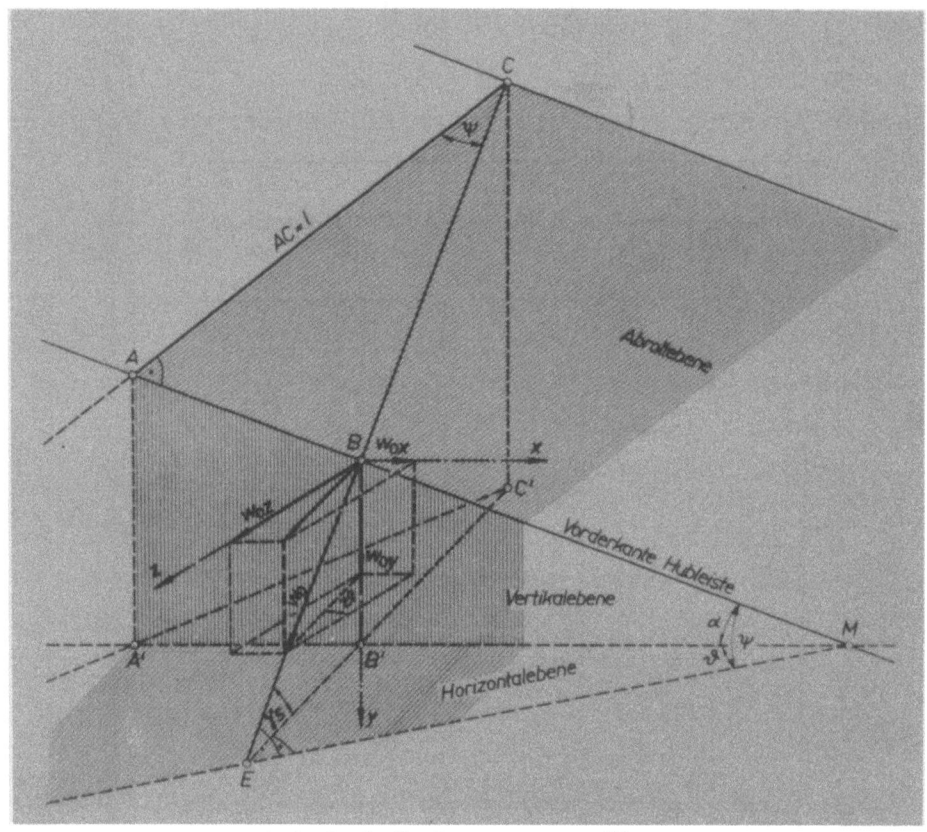

Abbildung 15
Einfluß der Trommelneigung auf w_o

Die Anfangsgeschwindigkeit w_o, die mit dem Einzelkorn beim Verlassen der Vorderkante im Punkte B in der Abwurfrichtung BE erteilt wird, kann in den Richtungen x, y und z in drei Komponenten zerlegt werden; der Winkel der Ebene der Wurfparabel gegen die Vertikalebene in der z-Richtung wird dabei mit ϑ bezeichnet:

in x-Richtung (Horizontalkomponente)

$$w_{ox} = w_o \cdot \cos \gamma_s \cdot \sin \vartheta$$

in z-Richtung (Horizontalkomponente)

$$w_{oz} = w_o \cdot \cos \gamma_s \cdot \cos \vartheta$$

in y-Richtung (Vertikalkomponente)

$$w_{oy} = w_o \cdot \sin \gamma_s$$

Die Komponente in z-Richtung hat keinen Einfluß auf die Fortbewegung des Gutes in der Längsrichtung der Trommel. Für die Berechnung der x-Komponente muß der Winkel ermittelt werden:

$$\sin \vartheta = \sin \psi \cdot \frac{\cos \gamma_s}{\cos \alpha}$$

$$\boxed{\sin \vartheta = \frac{tg\,\alpha}{tg\,\gamma_s}}$$

4.33 Die Schwebegeschwindigkeiten im Gasstrom und die Bewegung der Gesteinskörner

Um zu Gleichungen für die Bewegung der Gesteinskörner im Gasstrom zu kommen, ist vorausgehend der Gleichgewichtszustand am Einzelkorn zu betrachten. Beim Absturz von der Kante des Hubbleches wird das Korn mit der im Abschnitt 4.31 errechneten Anfangsgeschwindigkeit w_o in die Strömung eingeschossen. Der Fall wird solange beschleunigt, bis der Widerstand der Strömung gleich dem um den Auftrieb verminderten Gewicht des Kornes ist. Die dann konstant bleibende Geschwindigkeit wird als Schwebegeschwindigkeit w_s bezeichnet. Die Ansätze für die Berechnung der Schwebegeschwindigkeit sind abhängig von der REYNOLDschen Zahl, die sich aus

$$Re = \frac{w_L \cdot d}{\nu}$$

errechnen läßt. Das Auftreten des Korndurchmessers d der mit Kugelgestalt angenommenen Körner im Zähler der Gleichung veranschaulicht den Einfluß dieses Wertes auf die Größe der REYNOLDschen Zahl.

Wird dem Rechnungsgang eine mittlere Temperatur in den Trommel von $t = 800°\,C\ (1073°\,K)$ zugrunde gelegt, so ist bei einer Zähigkeitsziffer von $\mu = 4{,}64 \cdot 10^{-6}\ \frac{kg \cdot s}{m^2}$, wenn statt des Gemisches aus Luft, Wasserdampf und Verbrennungsgasen näherungsweise mit Luft gerechnet wird:

$$\gamma_L = \frac{p}{R \cdot T} = \frac{10330}{29{,}27 \cdot 1073} = 0{,}329\ kg/m^3\ ;$$

die kinematische Zähigkeit ist

$$\nu = \frac{g \cdot \mu}{\gamma_L} = 138 \cdot 10^{-6}\ m^2/s\ .$$

Bei einer mittleren Gasgeschwindigkeit in der Trommel von $w_L = 2{,}0$ m/s nimmt die Gleichung für die REYNOLDsche Zahl dann die Form an [d in m]:

$$\underline{Re = 14492 \cdot d\ .}$$

Da in den Trockentrommeln der Aufbereitungsanlagen der gleichzeitige Durchgang von Körnungen zwischen 0 und etwa 12 mm Durchmesser, bei der

Aufbereitung von Binderschichten sogar von 0 bis 25 mm, zu berücksichtigen ist, erhellt bereits aus dieser Gleichung, daß Re-Zahlen auftreten, die weit über den STOCKESschen Bereich (Re < 1) hinausgehen.

In der Feuerungstechnik, bei der pneumatischen Förderung, bei Entstaubungsanlagen und auf vielen anderen industriellen Gebieten hat das Schweben von Körpern in Gasströmungen auch in den Bereichen wesentliche Bedeutung, die außerhalb des Geltungsbereiches des STOCKESschen Gesetzes liegen. Hierfür sind im Anschluß an einen Ansatz von FRÖSSLING, der auf Untersuchungen von MÖLLER [4] aufbaut, für den gesamten Bereich der laminaren Strömungen (Re ≦ 2320) von GUMZ [13, 14] Gleichungen entwickelt worden, die die Errechnung der Schwebegeschwindigkeiten ermöglichen. Das laminare Gebiet wird dafür in drei Abschnitte unterteilt, die durch die ihnen zugeordneten REYNOLDschen Zahlen gekennzeichnet sind. Die drei aneinander anschließenden Gültigkeitsbereiche werden durch die REYNOLDschen Zahlen 8 und 300 begrenzt:

	Bereich der REYNOLDschen Zahl	Bereich des Korn-∅
1. Abschnitt	0,6 < Re < 8	d = 0 bis 0,55 mm
2. Abschnitt	8 < Re < 300	d = 0,55 bis 21 mm
3. Abschnitt	300 < Re < 2500	d > 21 mm

In diesen Abschnitten kann die Schwebegeschwindigkeit w_s als Funktion von γ_L, γ_K, ν und d mit den auf Seite 23 angegebenen Größen ermittelt werden. Die Abhängigkeit der Schwebegeschwindigkeit von den Korndurchmessern nach den Gleichungen von GUMZ ist in Abbildung 16 für den bei der Heißaufbereitung in Frage kommenden Bereich von 0 bis ca. 20 mm Durchmesser dargestellt. Bis zur Grenze des Geltungsbereiches der STOCKESschen Widerstandsgleichung ist der Verlauf annähernd linear.

Die Ableitung von Bewegungsgleichungen für die in den Gasstrom fallenden Körner mit rein theoretischen Ansätzen führt nur zum Ziel, wenn das STOCKESsche Gesetz als gültig angenommen werden kann. Auch KRÖLL [22] begrenzt seine Berechnung auf diesen Bereich kleinster REYNOLDscher Kennzahlen. Die breite Kornverteilung im bituminösen Straßenbau kann mit dieser Beschränkung des Geltungsbereiches nicht erfaßt werden.

Um den Weg der gröberen Körner über den STOCKESschen Bereich hinaus verfolgen zu können, sollen in den beiden nächsten Abschnitten Gleichungen für den Fall der Einzelkörner durch den Gasstrom in der Trommel werden, denen die Meßwerte der Widerstandszahl C für Kugeln zugrunde gelegt werden. Die allgemeinen Bewegungsgleichungen für ein von der Kante der Hubleisten mit der Anfangsgeschwindigkeit w_o in den Gasstrom der konstanten Geschwindigkeit w_L fallendes Korn werden für die senkrechte Richtung und für die Richtung der Trommelachse aufgestellt, um damit zunächst die Fallzeiten und anschließend die Förderwege der Einzelkörner in Richtung der Trommelachse in Abhängigkeit vom Korndurchmesser je Trommeldrehung bestimmen zu können. Die ermittelten Förderstrecken bilden die Grundlagen für die anschließende Berechnung der Durchlaufzeiten.

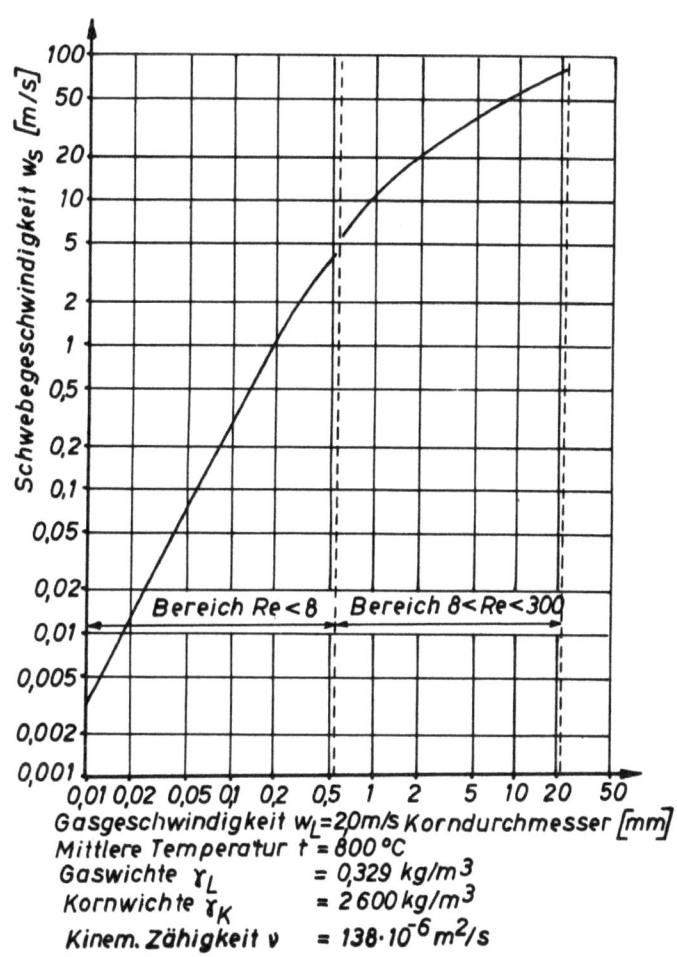

A b b i l d u n g   16

Abhängigkeit der Schwebegeschwindigkeit vom Korndurchmesser

Die übernommenen Meßwerte des Widerstandskoeffizienten C [13] sind über den REYNOLDschen Zahlen in Abbildung 17 aufgetragen. Der angeführte Bereich wurde auf die für bituminöse Decken verwendeten Körnungen beschränkt; der Verlauf der Funktion $C = f(Re)$ wird durch folgende Zahlen gekennzeichnet:

Korn-Ø [mm]	0,1	0,2	0,6	1	2	3	10	20
Re	1,45	2,90	8,70	14,5	29,0	43,5	145	290
C (Meßwerte)	19,3	11,0	4,75	3,35	2,18	1,67	0,89	0,67

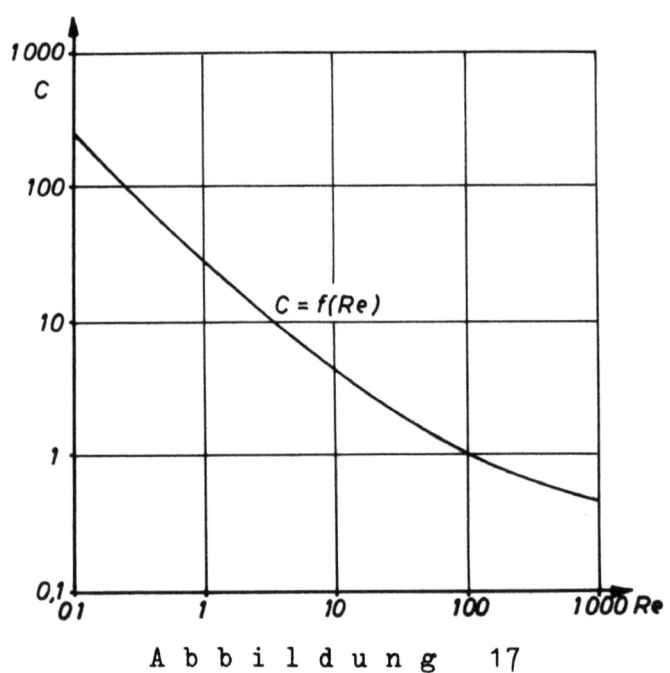

Abbildung 17

Widerstandszahl C nach Meßwerten von MÖLLER

Die den C-Werten zugeordneten Korndurchmesser konnten für diese Aufstellung aus der Definitionsgleichung der REYNOLDschen Zahl abgeleitet werden; für die Zahlenrechnung gilt die auf S. 23 ermittelte Abhängigkeit

$$Re = 14492 \cdot d .$$

4.331 Ableitung der Bewegungsgleichung für die vertikale Richtung

Mit den Vorzeichen der Abbildung 18 lautet die Bewegungsgleichung eines Kornes für die y-Richtung, wenn der Luftwiderstand proportional dem Quadrat der Relativgeschwindigkeit zwischen Luftgeschwindigkeit w_L und Korngeschwindigkeit $w_y = \frac{dy}{dt}$ ist:

$$m \cdot \frac{d^2 m}{dt^2} = m \cdot y'' = m \cdot g - C \cdot \frac{\pi \cdot d^2}{4} \cdot \frac{\gamma_L}{2 \cdot g} \left(\frac{dy}{dt} + w_L \cdot \sin\alpha \right)^2 .$$

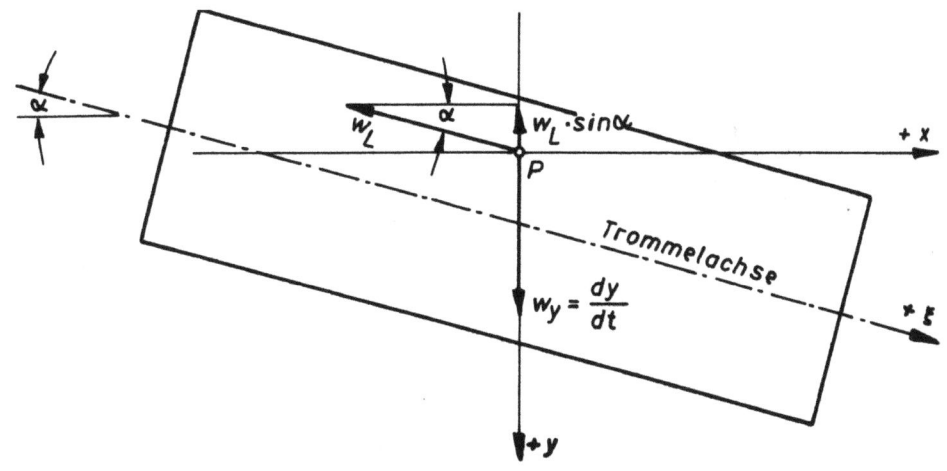

Abbildung 18

Wird bei den Körnern Kugelgestalt angenommen, so ist

$$g \cdot m = \frac{\pi \cdot d^3}{6} \cdot \gamma_K \quad .$$

Damit wird

$$C \cdot \frac{\pi \cdot d^2}{4} \cdot \frac{\gamma_L}{2g \cdot m} = C \cdot \frac{3 \cdot \gamma_L}{4 \cdot d \cdot \gamma_K} \quad .$$

Zur Vereinfachung der Schreibweise werden die konstanten Werte mit folgenden Bezeichnungen zusammengefaßt:

$$p = C \cdot \frac{3 \cdot \gamma_L}{4 \cdot d \cdot \gamma_K}$$

$$q = w_L \cdot \sin \alpha \quad .$$

Die Rechnung führt mit diesen Abkürzungen zu einer Differentialgleichung 2. Ordnung, aus der y durch zweimaliges Integrieren gefunden werden kann:

$$\boxed{y'' + p \cdot y'^2 + 2 \cdot p \cdot q \cdot y' = g - p \cdot q^2}$$

Die Integration kann über den Ansatz

$$y' = u, \quad \text{d.h.} \quad y = \int u \cdot dt \quad \text{und} \quad y'' = u'$$

mit einem Integral der Form

$$t = \int \frac{du}{a + 2 \cdot b \cdot u + c \cdot u^2}$$

nach Hütte I, 28. Aufl., S. 91 durchgeführt werden.

Zur weiteren Kürzung der Schreibweise wird dabei verwendet:

$$\lambda = 2 \cdot \sqrt{p \cdot g}$$

$$\delta = \sqrt{p \cdot g} + p \cdot q$$

und

$$\sigma = \sqrt{p \cdot g} - p \cdot q \quad .$$

Aus der Gleichung für die Beschleunigung folgt die Gleichung der Geschwindigkeit

$$\boxed{y' = \frac{dy}{dt} = \frac{C_1 \cdot \sigma \cdot e^{\lambda t} - \delta}{p \cdot \left(C_1 \cdot e^{\lambda t} + 1\right)}}$$

Nach einer Umformung führt die zweite Integration zu einer Funktion $y = f(t)$:

$$y = \frac{\sigma}{p} \cdot t - \frac{\delta + \sigma}{p} \cdot \int \frac{dt}{C_1 \cdot e^{\lambda t} + 1} \quad .$$

Wird in dieser Gleichung das Integral bestimmt, so lautet die Endgleichung für die Berechnung der Fallwege in der y-Richtung als Funktion von t:

$$\boxed{y = \frac{\sigma}{p} \cdot t + \frac{1}{p} \cdot \ln\left(C_1 + e^{-\lambda t}\right) + C_2}$$

Die Konstanten C_1 und C_2 werden für die Zeit $t = 0$ bestimmt:

<u>C_1 aus der Geschwindigkeitsgleichung</u>

In einem beliebigen Punkt P (Abb. 19) ist die Fallgeschwindigkeit für die Zeit $t = 0$

$$w_y = w_{oy} - w_{ox} \cdot tg\alpha \quad ,$$

wenn w_o die im Abschnitt 4.31 errechnete Anfangsgeschwindigkeit des Kornes an der Kante des Hubbleches ist.

Daraus folgt

$$y' = w_{oy} - w_{ox} \cdot tg\alpha = \frac{C_1 \cdot \sigma \cdot e^{\lambda t} - \delta}{p \cdot \left(C_1 \cdot e^{\lambda t} + 1\right)}$$

$$mit \ t = 0 \ wird \ e^{\lambda t} = 1$$

$$\boxed{C_1 = \frac{p \cdot \left(w_{ox} \cdot tg\alpha - w_{oy}\right) - \delta}{p \cdot \left(w_{oy} - tg\alpha \cdot w_{ox}\right) - \sigma}}$$

$\underline{C_2 \text{ aus der Weggleichung}}$

Für die Zeit $t = 0$ ist auch der Weg $y = 0$ und somit

$$\boxed{C_2 = -\frac{1}{p} \cdot \ln(C_1 + 1)}$$

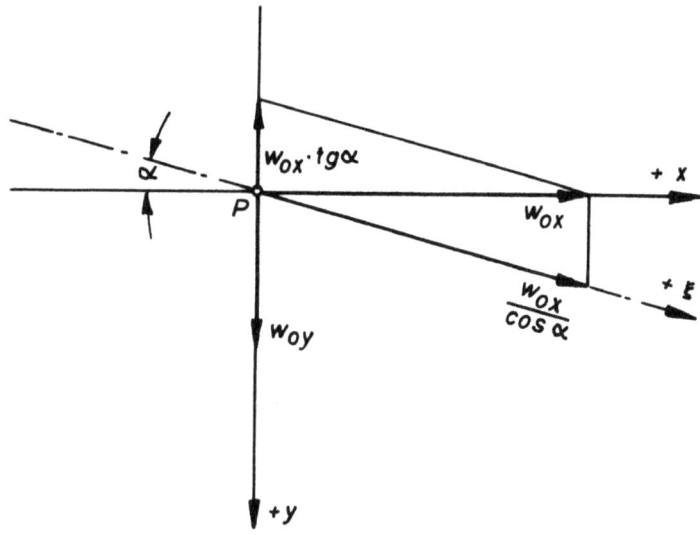

Abbildung 19

4.332 Ableitung der Bewegungsgleichung für die Richtung der Trommelachse

Der Luftwiderstand ist wieder proportional dem Quadrat der Relativgeschwindigkeit zwischen Luftstrom und Korngeschwindigkeit. Wenn angenommen wird, daß ein Korn im betrachteten Zeitpunkt t die Geschwindigkeit $w_\xi = \frac{d\xi}{dt}$ in Richtung der positiven ξ-Achse hat (Abb. 20), lautet die Bewegungsgleichung

$$m \cdot \frac{d^2\xi}{dt^2} = m \cdot \xi'' = m \cdot g \cdot \sin\alpha - C \cdot \frac{\pi \cdot d^2}{4} \cdot \frac{\gamma_L}{2 \cdot g} \left(\frac{d\xi}{dt} + w_L\right)^2 .$$

Wird bei den Körnern wieder Kugelgestalt vorausgesetzt, so ist

$$g \cdot m = \frac{\pi \cdot d^3}{6} \cdot \gamma_K$$

und daher, wenn als Abkürzung wieder

$$p = C \frac{3 \cdot \gamma_L}{4 \cdot d \cdot \gamma_K}$$

eingeführt wird:

$$\boxed{\xi'' + p \cdot \xi'^2 + 2p \cdot w_L \cdot \xi' = g \cdot \sin\alpha - p \cdot w_L^2}$$

Diese Differentialgleichung hat die gleiche Form wie die im vorausgegangenen Abschnitt abgeleitete Gleichung für die y-Richtung. Für die

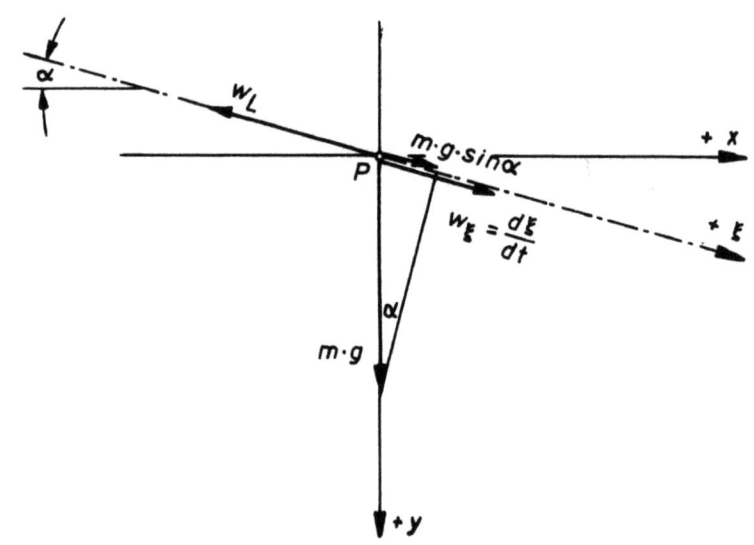

Abbildung 20

konstanten Glieder werden die nachstehenden Abkürzungen eingeführt:

$$\lambda_1 = 2 \cdot \sqrt{p \cdot g \cdot \sin\alpha}$$

$$\delta_1 = \sqrt{p \cdot g \cdot \sin\alpha} + p \cdot w_L$$

$$\sigma_1 = \sqrt{p \cdot g \cdot \sin\alpha} - p \cdot w_L$$

dann ergibt die erste Integration die Gleichung für die Geschwindigkeit:

$$\boxed{\xi' = \frac{d\xi}{dt} = \frac{C_3 \cdot \sigma_1 \cdot e^{\lambda_1 t} - \delta_1}{p \cdot \left(C_3 \cdot e^{\lambda_1 t} + 1\right)}}$$

Mit der zweiten Integration ist auch der Weg in Richtung der Trommelachse $\xi = f(t)$ bekannt:

$$\boxed{\xi = \frac{\sigma_1}{p} \cdot t + \frac{1}{p} \cdot \ln\left(C_3 + e^{-\lambda_1 t}\right) + C_4}$$

Für die Bestimmung der beiden Integrationskonstanten C_3 und C_4 wird die Zeit $t = 0$ eingesetzt:

<u>C_3 aus der Geschwindigkeitsgleichung</u>

Im Zeitpunkt $t = 0$ ist $w_\xi = \frac{w_{ox}}{\cos\alpha}$, also

$$\xi = \frac{w_{ox}}{\cos\alpha} = \frac{C_3 \cdot \sigma_1 - \delta_1}{p(C_3 + 1)}.$$

$$\boxed{C_3 = \frac{\delta_1 \cdot \cos\alpha + p \cdot w_{ox}}{\sigma_1 \cdot \cos\alpha - p \cdot w_{ox}}}$$

C_4 aus der Weggleichung

Für $t = 0$ ist auch der Weg $\xi = 0$, die gesuchte Konstante ist

$$C_4 = -\frac{1}{p} \cdot \ln(C_3 + 1)$$

4.333 Die Ermittlung der Durchlaufzeiten

Die Abhängigkeit der Fallzeiten vom Korndurchmesser wird durch die Darstellung der Funktionen für die Fallwege y und die Förderstrecken ξ in Abbildung 21 veranschaulicht. Dem durchgerechneten Beispiel liegen folgende Daten zugrunde:

Luftgeschwindigkeit in der Trommel	w_L =	200	cm/s
Einschußgeschwindigkeit am Punkt P	w_o =	64,49	cm/s
Neigung der Trommel	α =	10°	
Trommeldurchmesser	D =	1250	mm
Trommellänge	L =	8000	mm
Abmessungen der Hubbleche	b =	18	cm
	a =	6	cm
Böschungswinkel des Mineralgemisches	γ_s =	30°	
mittlere Wichte der Gesteinskörner	γ_K =	2600	kg/m³

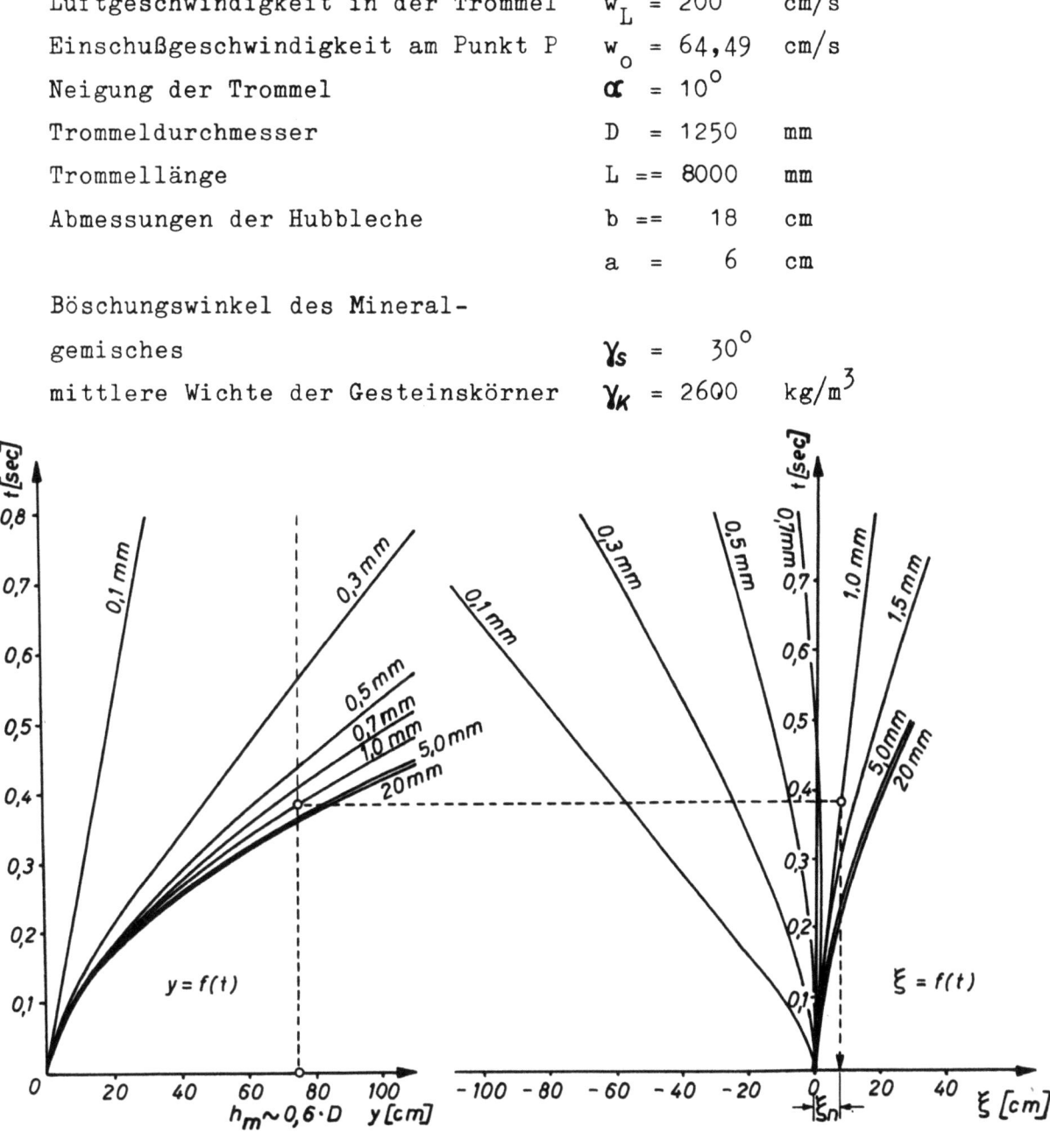

Abbildung 21

Ermittlung der Förderstrecken unter dem Einfluß der Gegenströmung für verschiedene Korndurchmesser

Die Ordinaten zur Abszisse h_m kennzeichnen die Fallzeiten der Körner für eine mittlere Fallhöhe 0,6 · D; werden diese Fallzeiten in dem Nomogramm zur Kurvenschar $\xi = f(t)$ übertragen, so geben die Werte ξ_n die Förderstrecken der Einzelkörner bei <u>einem</u> Absturz vom Hubblech an. Die Gleichungen genügen dem gesamten Bereich der Korndurchmesser, die beim Trocknen bituminöser Mischungen auftreten.

Da die Luftgeschwindigkeit auf Körner mit großem Durchmesser kaum einen Einfluß hat, liegen die ξ-Werte für $d \geq 5$ mm nahezu zusammen. Der Verlauf der Kurven für die Feinstkörner zeigt, daß die 0,7-mm-Körner fast senkrecht fallen und daß Staubteilchen mit 0,1 mm Durchmesser zum Eingang der Trommel zurückgeblasen werden. Bei einer Veränderung der Strömungsgeschwindigkeit tritt eine Verschiebung der Kurven ein, die sich besonders im Bereich der feineren Teilchen bemerkbar macht.

Die aus dem Nomogramm abgegriffenen Förderstrecken ξ_n müssen zu dem konstanten Förderweg $s = h_m \cdot tg\alpha$ addiert werden, der sich aus der Trommelneigung für jeden Absturz ergibt. Wir die Zahl der Hübe je Trommeldrehung mit dem Mittelwert 2 angenommen (S. 16), so ist die Fördergeschwindigkeit in der Minute

$$f = 2 \cdot n \cdot (s + \xi_n) \ .$$

Die Durchlaufzeiten lassen sich bestimmen aus:

$$t_n = \frac{L}{2 \cdot n \cdot (s + \xi_n)} \ .$$

Bei den angegebenen Betriebsdaten erreichen die Größtkörner in etwa 1,1 min den Trommelausgang; der Durchmesser des Grenzkornes, das erst nach ungefähr 15 min ausgeworfen wird, liegt zwischen 0,3 und 0,5 mm. Theoretisch gibt es ein Korn, für dessen Durchmesser $s + \xi_n = 0$ ist, so daß es nicht mehr transportiert wird. Die Rechnung zeigt hierfür den Durchmesser 0,47 mm an.

Die Fallwege in Abbildung 22 lassen die Bewegungen der Einzelkörner mit verschiedenem Durchmesser erkennen.

Vergleicht man diese Rechenergebnisse mit den nachfolgenden Messungen auf den Baustellen, so sind die Voraussetzungen zu berücksichtigen, die zu einer theoretischen Klärung der Vorgänge getroffen werden mußten; hierzu gehört insbesondere die Annahme der Kugelgestalt bei den Körnern. Vor allem wird sich eine Verschiebung der Grenze der ausgetragenen Körner einstellen, da das Gestein zum Teil als feuchtes, zusammenbackenes

Korndurch-messer [mm]	Förder-strecke ξ_n [mm]	Förder-strecke $s + \xi_n$ [mm]	Förderge-schwindig-keit f [mm/min]	Durchlauf-zeit t_n [min]	Förderrich-tung Ausgang A Eingang E
20	+ 170	+ 302	+ 7248	1,10	A
10	+ 170	+ 302	+ 7248	1,10	A
5	+ 160	+ 292	+ 7008	1,14	A
1	+ 80	+ 212	+ 5088	1,57	A
0,7	+ 10	+ 142	+ 3408	2,35	A
0,5	- 105	+ 27	+ 648	12,35	A
0,47	- 132	± 0	0	→ ∞	-
0,3	- 430	- 298	- 7152	1,12	E

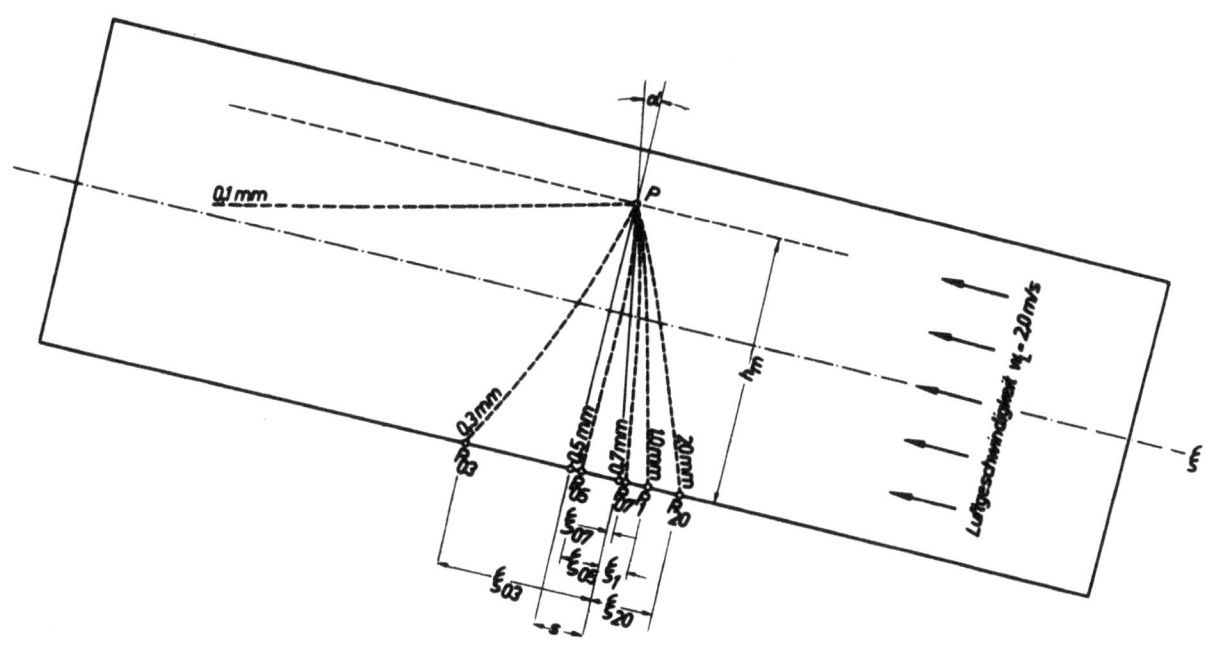

Abbildung 22

Bestimmung der Förderstrecken je Hub

Gut aufgegeben wird; auch ist es nicht möglich, die gegenseitige Behinderung der Körner beim Fall durch den Gasstrom und das Vor- und Zurückrollen springender Körner auf dem Trommelboden in einer Rechnung zu verfolgen. Daß diese Einzelbewegungen besonders bei großen Körnern ins Gewicht fallen, wies STILLER in einer Versuchstrommel nach [26]. Er stellte bei den Durchlaufzeiten einer Körnung 7 bis 25 mm mittlere Streuungen von 9 % und maximale Abweichungen von 30 % fest.

Die Ergebnisse der Berechnung stimmen mit der von FRIEDMAN und MARSHALL [6] experimentell gefundenen Zunahme des Trommelfüllungsgrades durch die beim Gegenstromverfahren länger in der Trommel bleibenden Feinkörner überein. Es wird erhärtet, daß sich nach einer vom Kornbereich abhängigen Anlaufzeit ein Gleichgewichtszustand der Füllung einstellt; nach dieser Übergangszeit muß sich die Sieblinie des ausgeworfenen Gesteins der Kornverteilung des Zulaufes anpassen. Aufgabe der Baustellenversuche wird es sein, die im Betriebslauf auftretenden Streuungen festzustellen.

5. Die Einrichtungen zum Nachsieben

5.1 Aufbau und Betriebsweise

Der Heißelevator verbindet den Trommelauslauf mit der Siebmaschine. Verwendet werden ohne Ausnahme Vibrationssiebe mit austauschbaren Böden, nur die englische Baumaschinenindustrie stattet heute noch einen großen Teil ihrer Aufbereitungsanlagen mit Trommelsieben aus [18].

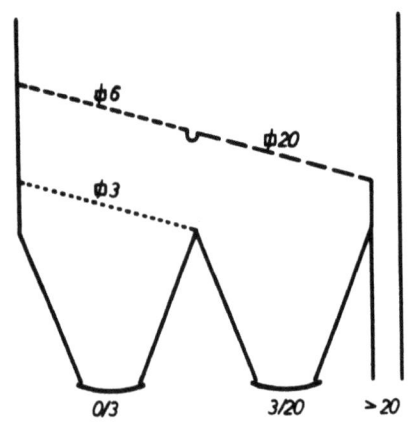
Abbildung 23
Eineinhalbdecker mit drei Bespannungen (2 Korngruppen)

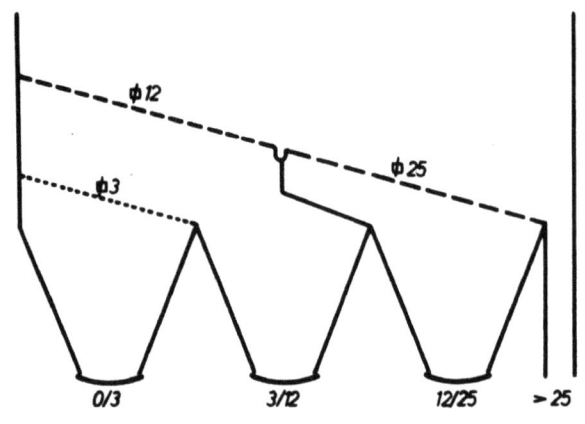
Abbildung 24
Eineinhalbdecker mit drei Bespannungen (3 Korngruppen)

Die Korntrennung wird im allgemeinen bei 3 mm Maschenweite vorgenommen, um die in den Vorschriften niedergelegte Abgrenzung zwischen Fein- und Grobanteilen mit dem 2-mm-Maschenprüfsieb zielsicher erreichen zu können. In der einfachsten Form wird das Sieb als Eineinhalb-Decker ausgeführt (Abb. 23), um gleichzeitig das unbrauchbare Überkorn zu entfernen. Als weitere Ausführungsformen für den Aufbau der Siebanlagen sind die in Abbildung 24 und 25 dargestellten Eineinhalb- und Zweidecker für drei oder vier Korngruppen gebräuchlich. Zwei- oder gar Dreidecker mit nicht unterteilter Bespannung finden nur dann Anwendung, wenn die horizontalen Abmessungen der Anlage nicht ausreichen, um die erforderlichen Siebflächen hintereinander anzuordnen. Die Anordnung der hintereinander liegenden Siebböden mit steigender Masche und der untereinander liegenden Böden mit fallender Masche bietet die beste Raumausnutzung.

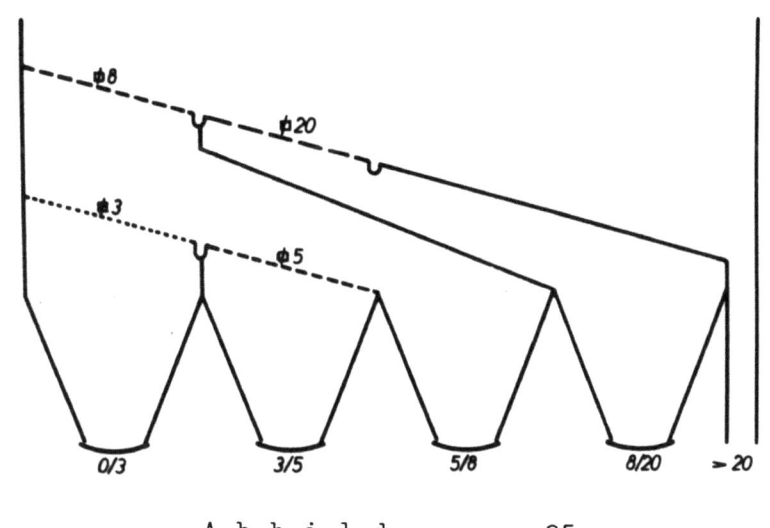

A b b i l d u n g   25
Doppeldecker mit vier Bespannungen (4 Körnungen)

Für die Bespannung kommen Quadratmaschengewebe und seltener Spaltsiebe in Frage; nur vereinzelt sind auch Lochbleche als Siebböden anzutreffen. Bei Spaltsieben darf die Gefahr einer starken Zunahme des Anteils an Überkorn nicht außer acht gelassen werden.

5.2 Stand der Forschung

Die entscheidenden Faktoren der Vibrationssiebe für die Bestimmung der Siebleistung und für den erreichbaren Gütegrad sind die Neigung, die Schwingweite, die Drehzahl, die Größe der Siebfläche, das Verhältnis ihrer Länge und Breite und die Maschenweite; das Siebgut übt durch die Kornzusammensetzung, insbesondere durch den Feinkornanteil, durch seine Kornform und durch die gewählte Aufgabeleistung einen Einfluß aus. Der Einfluß eines Wasseranteiles kann hier unberücksichtigt bleiben, da den Sieben in den Aufbereitungsanlagen nur getrocknete Körnungen zugeführt werden.
Forschungsarbeiten, die sich mit dem Aufstellen von Kennlinien für Schwingsiebe befassen, liegen von GARBOTZ [9] und GLATZEL [12] vor. Bei

den Versuchen mit Quarzsand, Schwefelkies, Rohbraunkohle, Steinkohle und Trümmersplitt wurde übereinstimmend festgestellt, daß der Durchgang des Siebgutes sich über die Länge der Siebfläche in folgendem Verhältnis verteilt:

	1. Viertel	2. Viertel	3. Viertel	4. Viertel
Anteil am Durchgang	55 %	28 %	12 %	5 %

Die Feinstanteile passieren das Sieb am Anfang der Fläche; das siebschwierige Korn wird in der Mitte ausgeschieden. Der große Einfluß der Lage des Aufgabepunktes und die Abhängigkeit der Kenndaten vom Siebgut haben zur Folge, daß die beste Wirkung in Güte und Leistung mit den Eindeckern zu erreichen ist. Bei jedem Zusammenbau mehrerer Siebflächen müssen bei der Wahl der technischen Daten Zugeständnisse gemacht werden, die von der optimalen Lösung abweichen. Zu größeren Maschenweiten gehören größere Neigungen; kleinere Maschen sind empfindlich gegen Über- und Unterbelastung. Zur Bemessung von Siebanlagen faßte GARBOTZ die Ergebnisse seiner Untersuchungen in einem Nomogramm zusammen, mit dem sich die Abhängigkeit der Kenndaten voneinander verfolgen läßt.

Als klares Ergebnis der Versuche kann herausgestellt werden, daß Drei- und Mehrdecker für hochwertige Siebarbeit nicht geeignet sind. Bei Mehrdeckern fällt das Aufgabegut erst in der Mitte oder gar am Ende des Untersiebes auf, so daß die Siebfläche nur zu einem Teil ausgenutzt wird. GARBOTZ weist bei den Versuchen mit Doppeldeckern darauf hin, daß der Überlauf der Untersiebe in Extremfällen mit über 30 % Feinkorn durchsetzt war.

6. Die Mischer

6.1 Aufbau und Betriebsweise

Zur Ausrüstung der vorwiegend als Zweiwellenzwangsmischer gebauten Mischer gehören die Abmeßeinrichtungen für die Baustoffe. Den Chargenmischern sind Gattierungswaagen für das Zuteilen des Minerals, den kontinuierlich arbeitenden Mischern bei den deutschen Bauarten Kippwägebehälter vorangeschaltet. Das Steinmehl kommt über Förderschnecken oder mit einem Aufzugkübel ebenfalls nach Gewicht in den Mischtrog; das raum- oder gewichtsmäßig zugeteilte Bindemittel wird in der vorgeschriebenen Temperatur aus dem Kreislauf entnommen und über eine Sprührampe

verteilt. Bei hohem Fülleranteil erweist sich das Vertrocknen des oft
bis zu 4 % Wasser enthaltenden meist bergfeucht angelieferten Steinmehls
als zweckmäßig. Von den als Knetmischer bezeichneten Bauarten mit 30 bis
40 U/min unterscheidet sich der Impact-Mischer durch Steigerung der Drehzahl auf 80 U/min zum Aufwirbeln der Zuschlagstoffe und durch einen besonders hohen Einspritzdruck des Bindemittels.

Das Streben nach einem rationellen Betrieb auf der Baustelle führte zu
automatischen Anlagen mit elektrisch oder pneumatisch gesteuerten Arbeitsvorgängen. Besondere Beachtung kommt der Überwachung der Betriebstemperaturen zu, die bei modernen Anlagen heute häufig durch Mehrfachschreiber erleichtert wird.

6.2 Stand der Forschung

Die Güte einer Mischung wird beeinflußt durch die Mischzeit, die Mischtemperatur, die Drehzahl, den Bindemittelgehalt und den Füllungsgrad
des Troges. Mit der Mischzeit und der Drehzahl beschäftigte sich GERLACH
[11] der für einen 10-kg-Zweiwellen-Zwangsmischer optimale Werte für
eine Mischzeit von einer Minute bei 30 bis 40 U/min fand. Mischungen mit
geringerem Bindemittelgehalt erforderten längere Spielzeiten. Neben der
Kontrolle des Bindemittelgehaltes betrachtete GERLACH den Umhüllungsgrad
nach der Safranin-Methode, bei der die freigebliebene Oberfläche der
Gesteinsteilchen Farbstoff aus eine Tolusafraninlösung adsobiert. Die
Abnahme der Konzentration, die sich in einer Aufhellung der Lösung bemerkbar macht, gibt ein Maß für den Grad der erzielten Umhüllung. GERLACH begann diese Versuche im Berliner Institut von Prof. GARBOTZ im
Jahre 1936 durch Vergleich der Lösungen mit einer geeichten Farbskala.
Zum Ausschalten der Vergleichsfehler mit dem bloßen Auge setzten HARTLEB
und HAUPT [15] in Breslau und LASSOW und LINDEMANN [23] in Berlin diese
Versuche an Laboratoriumsmischern und auf Baustellen mit einem lichtelektrischen Kolorimeter fort.

Die Untersuchungen der Bindemittelverteilung in einer Charge stellte
sich BARNES [2] zur Aufgabe. Während des Entleerens wurden unter dem
Mischerauslauf an einem Drahtzug mehrere Reihen von Probegefäßen entlanggeführt. Die Extraktionen der damit aus einer Charge entnommenen 20 bis
24 Proben erbrachten Grenzwerte des Bindemittelgehaltes von 3,9 und
5,1 % (Soll 4,5 %); die mittlere Abweichung vom Mittelwert betrug dabei
± 0,36 %. Im Laufe eines Betriebstages traten als Extremwerte auf einer

Baustelle 4,8 und 6,1 % auf. Bei guten Mischungen waren aber oft sehr geringe Abweichungen zu verzeichnen; die Anteile hielten sich bei einem Sollgehalt von 4,0 % in den Grenzen von 3,95 und 4,25 %. Die mittlere Abweichung lag in diesen Chargen bei nur ± 0,09 %. Für eine Betrachtung der Kornverteilung waren die nur etwa 900 g wiegenden Proben zu klein.

Über die mehrtägigen Betriebsuntersuchungen einiger Guß- und Walzasphaltbereitungsanlagen in den ersten Jahren nach dem Kriege berichtet WATERS [31]. Die Arbeiten erstreckten sich auf eine Kontrolle der angelieferten Zuschläge, auf die Beobachtung des Zumessens und des Mischens.

Bei den direkt vom Brecher bezogenen Körnungen waren die Abweichungen der Sieblinien voneinander gering; erhebliche Unterschiede traten jedoch bei Transporten mit der Bahn, mit dem Schiff und mit Lastkraftwagen auf. An den Trockentrommeln bereitete die Temperaturüberwachung erhebliche Schwierigkeiten. In Anlagen mit nur gelegentlich durchgeführter manueller Kotrolle wurden beim Mischgut Schwankungen zwischen 118 und 170°C gemessen. Mit den in England anzutreffenden Chargen-Erhitzern waren Extremwerte in wesentlich engeren Grenzen zu verzeichnen. Eine Kontrolle der Kornverteilung im getrockneten Gut am Trommelauslauf war nicht in das Versuchsprogramm aufgenommen worden.

Fehlerhaftes Abmessen wurde vielfach beim Wägen der Zuschläge festgestellt. Bei den Gattierungswaagen war das volle Chargengewicht schon oft erreicht, bevor die letzte Körnung zugewogen war. Die automatisch arbeitenden Anlagen zeigten wesentlich größere Genauigkeit; allerdings ließen sich gelegentliche Störungen an den Ausläufen durch eingeklemmte Körner nicht vermeiden. Als völlig unzureichend wird die Füllerzumessung bezeichnet; die Aufgabefehler lagen bei -50 bis +100 % der Sollmenge. Dem Zumessen des Bindemittels von Hand hafteten stets Fehler an, die nur mit Zifferblattwaagen oder Meßpumpen zu verhindern waren.

Besondere Beachtung fanden bei diesen englichen Untersuchungen die Mischer. Eine gleichmäßige Verteilung des Bindemittels in den Chargenmischern wurde etwa nach 40 bis 80 s Mischzeit erreicht; die Abweichungen im Bindemittelgehalt zwischen drei an verschiedenen Stellen des Mischtroges entnommenen Proben lagen nach dieser Zeit für Chargenmischer bei 0,1 bis 0,6 %. Bei den am Ausstoß von kontinuierlich arbeitenden Mischern nach einer Minute Mischzeit entnommenen Abstichen traten Abweichungen im Bindemittelgehalt von 0,0 bis ebenfalls 0,6 % zwischen den zusammengehörigen drei Proben auf. In der Kornverteilung bei den

Proben der Chargen- und Stetigmischer traten Schwankungen bei den Anteilen der Korngruppen bis etwa maximal 8 % vom Gesamtgesteinsgewicht auf.

Vergleicht man diese Aufstellung der geleisteten Forschungsarbeit mit den zahlreichen Untersuchungen der Betonmischer, die in größerem Umfange erstmalig von GARBOTZ und GRAF im Jahre 1928 begonnen [8] und später auch in England vom Road Research Laboratory [16] und in Dänemark vom dortigen Bauforschungsinstitut aufgenommen wurden, so wird allein schon dadurch die Notwendigkeit unterstrichen, die verschiedenen Mischersysteme auch für den bituminösen Straßenbau auf dem Versuchsstand einer Untersuchung zu unterziehen, um Aufschluß über ihre Leistungsfähigkeit zu erhalten. Zu klären wäre auch die Frage nach einer allgemeingültigen, zuverlässigen Methode zur Beurteilung der Mischung, um neben der Bindemittel- und Kornverteilung noch den Grad der erreichten Umhüllung in die Prüfung einbeziehen zu können.

In jüngster Zeit hat GERLACH Versuche mit dem Mischen von Glaskugeln von 0,06 bis 8 mm Durchmesser begonnen, um an deren Oberflächen die Verteilung des Bindemittels zu verfolgen. Als gesetzmäßig kann danach angesehen werden, daß der Bindemittelfilm an den Kugeloberflächen mit steigendem Durchmesser dicker wird; an den Berührungspunkten der Körner bilden sich dünnere Filmschichten. Der Füller bildet zusammen mit dem Bindemittel ein Gemisch, das sich um die gröberen Körner legt.

7. Das Programm für die Baustellenuntersuchungen

7.1 Die Aufgabenstellung

Die vorliegende Arbeit soll zur Klärung der Frage nach der Notwendigkeit einer Siebung des Gesteins im Anschluß an den Durchgang durch die Trockentrommel einen Beitrag liefern. In den vorausgegangegen Abschnitten sind die Punkte der Aufbereitungsanlagen herausgestellt worden, an denen Veränderungen und Abweichungen im Kornaufbau von der Soll-Sieblinie auftreten können. Neben den Abweichungen, die bereits beim Anliefern der Einzelkörnungen durch Unter- und Überkorn und durch den Streubereich ihres Sieblinienbandes auftreten, sollen bei den Untersuchungen zuerst die Größen der Fehler festgestellt werden, die beim Zuteilen der Zuschlagstoffe hinzukommen. Da die Genauigkeit der Kornaufgabe von vielen Faktoren abhängt, und da die möglichen Einflüsse auf der Baustelle nicht wunschgemäß verändert werden konnten, ohne die

Bauarbeiten zu stören, lag der Gedanke nahe, eine Anzahl geeigneter Versuchsreihen mit Stoßaufgebern unabhängig vom Baustellenbetrieb zu fahren.

Der zweite Punkt auf dem Wege des Gesteins, an dem Veränderungen im Kornaufbau auftreten zu können, ist die Trockentrommel. Die im Abschnitt 4.33 abgeleiteten Gleichungen lassen es zwar zu, den Weg des Einzelkornes durch die Trommel zu verfolgen; es wurde jedoch gezeigt, daß die Vorgänge in der Trommel so verwickelt sind, daß es zweckmäßig erscheint, die Größe der Veränderungen durch Betriebsuntersuchungen an den im bituminösen Straßenbau üblichen Körnungen bei serienmäßig gelieferten Anlagen festzustellen. Der Versuchsplan für die Baustellenuntersuchungen mußte daher vorsehen, die Sieblinien von Proben des in die Trommel geschickten Kaltgesteins den Linien der am Trommelausgang entnommenen Heißproben gegenüberzustellen.

Weitere Fragen, die sich im Zusammenhang mit der errechneten, von ihrem Durchmesser abhängigen Aufenthaltsdauer der Körner aufdrängen, sind:

1. Wie groß ist die Anlaufzeit bis zum Einsetzen des gleichmäßigen Mineralstromes aus der Trommel? Sie muß mit der Durchlaufzeit der kleinsten fortbewegten Körner übereinstimmen.

2. Wie groß ist die Auslaufzeit, bis sich die Trommel nach dem Abstellen des Kaltelevators geleert hat?

3. Wie groß ist der abgesaugte Staubanteil und welche Korngrößen werden ausgetragen?

Über das Verhalten der im Straßenbau gebräuchlichen Mineralien bei hohen Temperaturen liegt eine Forschungsarbeit von STÖCKE vor [27]. Für die Praxis läßt sich aus den Ergebnissen folgern, daß Schäden am Gestein erst bei 500 bis 700° C auftreten. Bei feineren Splittkörnungen sind auch in dem sehr hohen Temperaturbereich nur gelegentlich Zerstörungen zu erwarten. Auf besondere Versuche in dieser Richtung auf der Baustelle konnte verzichtet werden, da die Arbeit von STÖCKE ausreichende Aufschlüsse gebracht hat. Die aus etwa auftretenden Kornzertrümmerungen folgenden Abweichungen werden summarisch beim Vergleich der Sieblinien der Proben vom Eingang und Ausgang der Trommel erfaßt.

Als wesentlicher Unterschied im Aufbau der Aufbereitungsanlagen waren die beiden Lösungen (Abschnitt 2) aufgefallen, das aus der Trommel kommende bereits getrocknete und erhitzte Mineralgemenge entweder direkt

in den Wägebehälter des Mischers fließen zu lassen oder es noch über
eine Siebanlage zu leiten, um es in zwei oder drei Kornfraktionen zu
zerlegen. Bei den Anlagen mit einer Nachsiebung war der Siebgütegrad
durch zusätzliche Untersuchung von Proben an den Ausläufen der Einzelsilos zu kontrollieren.

Darüber hinaus konnte von einer Untersuchung des fertigen Mischgutes
Aufschluß über die Grenzen der beim Endprodukt auftretenden Veränderungen im Kornaufbau erwartet werden. Hier lag es nahe, auch den Unterschieden innerhalb einer Mischung Beachtung zu schenken.

Erfahrungsgemäß wechseln die Arbeitsbedingungen auf der Baustelle während
einer längeren Betriebszeit durch Veränderungen bei den angelieferten
Baustoffen, durch Witterungseinflüsse, durch Wechsel der Bedienungsmannschaft und auch durch zeitweilige Änderungen in der Beaufsichtigung.
Um den Einfluß dieser Bedingungen gleichmäßig zu berücksichtigen, wurde
vorgesehen, die Einzelbeobachtungen und die Entnahme der zusammengehörigen Probereihen über angenähert gleiche Betriebszeitabschnitte auszudehnen. Die mittlere Versuchsdauer lag bei 5 bis 7 Stunden. Auf einigen
Baustellen war es möglich, neben dieser normalen Zeitspanne zum Vergleich
auch auf 10 bis 12 Stunden verlängerte Untersuchungszeiten anzusetzen.

7.2 Die Auswahl der Baustellen und der Anlagen

Grundsätzlich sind bei den bituminösen Decken hohlraumarme und offene
Bauweise zu unterscheiden. Da bei den hohlraumarmen Mischungen Sande
und Füllstoffe verwendet werden, die beim Zuteilen und beim Trocknen
die größeren Schwierigkeiten mit sich bringen, sollten in erster Linie
Asphaltfeinbetonmischungen (0 bis 12 mm) für den Heißeinbau, daneben
aber auch wegen ihres größeren Kornbereiches (0 bis 25 mm) die Aufbereitung von Asphaltbindern untersucht werden. Bei der Auswahl der Baustellen ließen sich die Hinweise der Hersteller der Anlagen auf geeignete Bauunternehmungen berücksichtigen. Um eine breite Streuung bei den
untersuchten Baustellen zu erreichen, wurden Bauvorhaben in verschiedenen Teilen des Bundesgebietes ausgesucht, bei denen unterschiedliche
Steinvorkommen, Abweichungen in der Betriebsgröße mit den landsmannschaftlich verschieden zusammengesetzten Mannschaften zusammentrafen.
Angestrebt wurde die Beobachtung eines normalen Betriebsablaufes mit der
üblichen Aufsicht durch eine örtliche Bauleitung. Es wurde streng darauf
geachtet, daß bei der Probenahme keine Störung des Arbeitsflusses ein-

trat. Eine Einflußnahme der Prüfer auf die Arbeiten des Bedienungspersonals ließ sich grundsätzlich vermeiden. Die Baustellen lagen auf Bundesstraßen, Autobahnen und auf Flugplätzen.

Die untersuchten Anlagen sind mit ihren technischen Daten, dem herzustellenden Mischgut und den Bezeichnungen der Baustellen (A bis H) in Tabelle 1[*)] aufgeführt. Bei der getroffenen Auswahl gab nicht das Fabrikat den Ausschlag, vielmehr galt es, die geeigneten Geräte der folgenden Bauarten in Verbindung mit den nach vorstehenden Gesichtspunkten ausgewählten Baustellen heranzuziehen:

1. Anlagen mit Sieb und mit Chargenmischer
2. Anlagen ohne Sieb mit Chargenmischer
3. Anlagen ohne Sieb mit kontinuierlich arbeitendem Mischer

Insgesamt wurden nach Voruntersuchungen an zwei Anlagen der Bauart 1 und 3 an acht weiteren Geräten Versuche durchgeführt, bei denen Unterschiede in den Trommelabmessungen, in der Mischleistung und im Aufbau als stationäre und fahrbare Anlagen vorhanden waren.

7.3 Die Entnahmestellen der Proben

Proben wurden von den angelieferten Gesteinskörnungen, am Kaltelevator (Abb. 27, Trommeleingang), am Abwurfpunkt des Heißelevators (Abb. 28, Trommelausgang) und am Auslauf des Mischers entnommen. Bei den Anlagen mit Nachsiebung trat noch eine Probenahme an den Zuschlagstoffsilos über dem Mischer (Gesteinswaage) hinzu. Die Vorversuche brachten Aufschluß

A b b i l d u n g 26
Probenahme am Stoßaufgeber

A b b i l d u n g 27
Probenahme vor Kaltelevator

---

*) Tabellen siehe Anhang

über die Entnahme und über die Form der
Probegefäße; sie ermöglichten überdies das
Aufstellen eines zweckmäßigen Arbeitsprogramms und den Entwurf von Formblättern für
die Versuchsprotokolle.

Die Zahl der an den Anlagen entnommenen
Einzelproben geht aus Tabelle 1 hervor.
Bei annähernd gleichzeitigem Abzug der zu
einer Reihe gehörigen Proben lagen zwischen
den Reihen Betriebszeiträume von etwa einer
Stunde.

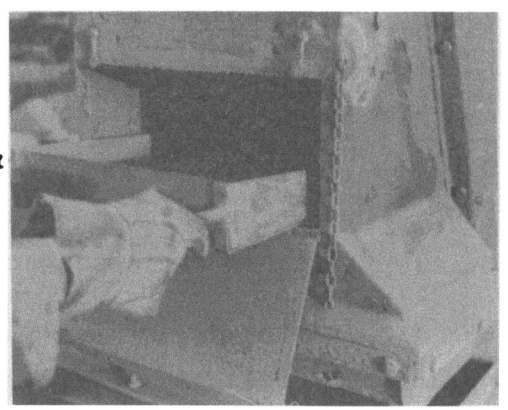

A b b i l d u n g 28
Probenahme am Heißelevator

In diesen Zwischenzeiten wurden laufend die Hubmengen der Stoßaufgeber
festgestellt (Abb. 26), um zu Mittelwerten der Aufgabeleistungen zu
kommen.

A b b i l d u n g 29
Stoßaufgeber-Hub auf dem Förderband

7.4 Die Größe der Proben

Der Entscheidung über die Größe der zu entnehmenden Proben muß eine Betrachtung der nach den Normen vorgeschriebenen Mindestprüfungen vorangehen. Zu unterscheiden sind die Probemengen für eine Siebanalyse der
angelieferten Baustoffe und die am Mischer entnommenen Proben für eine
Prüfung des umhüllten Gutes. Weiter werden beim Mischgut die Mengen
unterschieden, die für eine Siebanalyse und als Einwaage für die Bestimmung des Bindemittelgehaltes zur Verfügung stehen müssen.

Die Notwendigkeit, die im Jahre 1944 letztmalig überarbeiteten deutschen
Bestimmungen über die Probenahme und die Probengröße (DIN 1996) neu zu

fassen, hat zunächst zur Herausgabe eines Merkblattes geführt, das den ersten Teil des Normblattes ersetzt. Ein Vergleich der einschlägigen Bestimmungen in den deutschen, britischen und amerikanischen Normen (Tab. 2) zeigt, daß die Länder recht verschiedene Forderungen stellen [28]. Bei den neu erscheinenden Blättern ist jedoch ein Angleichen der unterschiedlichen Auffassungen zu beobachten.

Über die Ergebnisse von zwei Ringanalysen, die in Deutschland und in England zur Klärung der Fragen unternommen wurden, die mit der Probenahme und der Analyse der Proben zusammenhängen, berichtet TEMME [30]. An den deutschen Untersuchungen beteiligten sich das Institut von Professor RENFERT in Aachen, die Bundesanstalt für Straßenbau und private Laboratorien. Bei den englischen Versuchen wurden Proben unter strenger Beachtung der einschlägigen Vorschriften der British Standards entnommen und mit anderen Proben verglichen, bei denen diese Bestimmungen außer acht blieben.

In beiden Versuchsreihen ließ sich ziffermäßig belegen, daß nur bei einer sorgfältigen und gleichmäßigen Entnahme und mit ausreichend großen Prüfmengen aussagekräftige Werte über den Bindemittelgehalt und die Kornverteilung zu erwarten sind. Sie zeigten aber auch, daß nur über eine genügend große Zahl parallel entnommener Proben eine genaue Kenntnis vom Aufbau einer Mischung erzielt werden kann. Bei abweichenden Ergebnissen aus Einzelproben wird der Einwand unsorgfältiger Behandlung nicht immer von der Hand zu weisen sein.

Um diesen Überlegungen ausreichend Rechnung zu tragen, wurde auf den Baustellen angestrebt, eine möglichst große Zahl von Proben zu berücksichtigen und bei der Entnahme genaue Regeln zu beachten, um bei den Widerholungen bei anderen Bauvorhaben stets nach gleichen Grundsätzen und mit den gleichen Handgriffen vorzugehen. Die Größen der Mengen wurden festgelegt mit:

1. 5 bis 15 kg für die Prüfung des Kornaufbaues der angelieferten Gesteinssorten, mit
2. 20 bis 25 kg für die Korngemische, die am Trommeleingang, an ihrem Ausgang und - soweit erforderlich - am Mischereingang entnommen wurden und mit
3. 1,5 bis 2,0 kg zur Bestimmung des Bindemittelgehaltes des aus dem Mischer fließenden Mischgutes.

In dieser Aufstellung gelten die niedrigeren Zahlen der Mindestmengen für die Untersuchung von Feingemischen mit 8 mm Größtkorn; die oberen Werte wurden bei den Proben aus Gemischen mit Grobkornanteilen verlangt. Die Einzelproben des umhüllten Mischgutes waren für die Bestimmung der Bindemittelverteilung ausreichend. Im allgemeinen wurden aus einer Mischung drei Proben entnommen (nach dem Auslaufen des ersten, des zweiten und des dritten Viertels der Charge). Für die Kornanalyse ergaben diese nach der Extraktion zusammengefaßten Einzelmengen Gewichte von 4,5 bis 6,0 kg je Mischung. Bei kontinuierlich arbeitenden Mischern lag zwischen den aufeinanderfolgenden Entnahmen einer Serie ein Zeitraum von einer halben Minute.

Zur Untersuchung der Proben stand eine Großanalysen-Siebmaschine mit Vertikal-Schwingantrieb mit 500 x 500 mm Siebkästen und eine Labor-Siebmaschine mit Tellereinsätzen von 200 mm Durchmesser zur Verfügung.

Die Siebzeiten und die dem Kornaufbau angepaßten Höchstmengen richteten sich nach der Forderung, daß eine ausreichende Genauigkeit erst erreicht ist, wenn bei einer Verlängerung der Siebdauer um eine Minute weniger als 1 % des Anteils der betrachteten Kornstufe durch das Sieb fällt. Die Siebzeiten lagen im allgemeinen bei 20 min, nur bei sehr groben Körnungen waren zuweilen 15 min zulässig.

8. Die Genauigkeit beim Zuteilen

8.1 Das angelieferte Gestein

Für die Beurteilung der angelieferten Gesteinskörnungen ist es notwendig, auf die Ursachen einzugehen, die zu Abweichungen im Kornaufbau führen und die Streuungen zum Vergleich heranzuziehen, über die bereits bei anderen Untersuchungen Erfahrungen gesammelt wurden. Eine Gegenüberstellung mit den einschlägigen Bestimmungen, die dem "Merkblatt für Körnungen aus gebrochenem Naturstein (Juli 1957)" entnommen werden können, mag Aufschluß über die Abweichungen vom Kornbereich der Nennklasse geben, die für die Praxis als ausreichend angesehen werden. Das Merkblatt unterscheidet einfach gebrochenes und mehrfach gebrochenes Gestein (Edelsplitt) und läßt für beide Güteklassen verschieden große Anteile an Abweichungen vom Sollkorn zu. Da bei groben Körnungen bis zu 20 % Unterkorn vorhanden sein können, wurde es als zweckmäßig erachtet, die Anteile, die über den Bereich der benachbarten Korngruppe hinauszugehen, zusätzlich zu begrenzen.

Die Einflüsse, die von den Siebmaschinen und von den Eigenschaften des Siebgutes ausgehen, wurden in Abschnitt 5 behandelt und treffen auch für die Klassierung des Gesteins in den Lieferwerken zu. Darüber hinaus ist das Übereinstimmen der gelieferten Körnung mit der Nennbezeichnung weitgehend von den an der Gewinnungsstätte bzw. im Labor verwendeten Siebgeweben abhängig, da die einem sehr hohen Verschleiß unterliegenden Betriebssiebe grundsätzlich anders gebaut sein müssen als die bei der Kontrolle verwendeten Prüfsiebe. KOHLMANN leitet aus dieser Überlegung die Forderung ab [20], daß die Maschenweiten der Betriebssiebe um einen kleinen Betrag nach oben von den für die Prüfung verwendeten Labor-Sieben abweichen sollen. Dadurch wird erreicht, daß das Grenzkorn am Übergang zur zunächst höheren Korngruppe noch in der Nennklasse bleibt; der Anteil des am Übergang zur nächst kleineren Gruppe auftretenden Unterkorns wird dafür verringert. Straßenbautechnisch sind <u>geringe</u> Abweichungen von den Nenndurchmessern an den Grenzstellen nach oben und unten ohne Bedeutung.

Für Basalt-Edelsplitt sieht die von KOHLMANN vorgeschlagene Abstimmung der Betriebssiebe auf die die Körnung kennzeichnenden Prüfsiebe folgende Maschenweiten vor:

Maschenweiten der Prüfsiebe	Maschenweiten der Betriebssiebe
0,6 mm	1,0 mm
2,0 mm	2,5 mm
5,0 mm	6,0 mm
8,0 mm	9,0 mm
12,0 mm	14,0 mm
18,0 mm	20,0 mm
25,0 mm	28,0 mm

Die auf den Baustellen A bis H vorgefundenen Körnungen wurden nach den Bezeichnungen des Merkblattes geordnet und mit ihren Siebergebnissen in Tabelle 3 zusammengefaßt. Aus den auf jeder Baustelle von allen verwendeten Körnungen entnommenen zahlreichen Proben ergaben sich je eine Reihe von Sieblinien, deren Band den Streubereich der Kornverteilung veranschaulicht. Die Breiten dieser Bänder sind neben den vorgefundenen Anteilen an Unter- und Überkorn in der Tabelle wiedergegeben. Es ist zu erkennen, daß nur in wenigen Fällen größere Schwankungen der Sieblinien im Bereich der Sollkörnung auftreten. Der Anteil an Unterkorn dagegen ist sowohl bei den einfachen Splitten als auch bei den Edelsplitten sehr hoch. Über die 20%-Grenze geht er jedoch nur in wenigen Fällen hinaus.

Eine summarische Übersicht über die Kornverteilung bei den auf den Baustellen vorgefundenen Baustoffen gibt die Abbildung 30, in der die Abweichungen von den Soll-Körnungen für alle Klassen als Baustellenmittel (B) erfaßt und den nach dem Merkblatt zulässigen Überschreitungen (M) gegenübergestellt wurden. Es ist ersichtlich, daß die obere Grenze der Klassen nur selten und stets nur geringfügig überschritten wird. Mit der Einführung einer Differenz zwischen den Maschenweiten im Betrieb und bei der Prüfung ist danach eine bessere Übereinstimmung der gelieferten Körnungen mit der Bezeichnung des Kornbereiches zu erwarten.

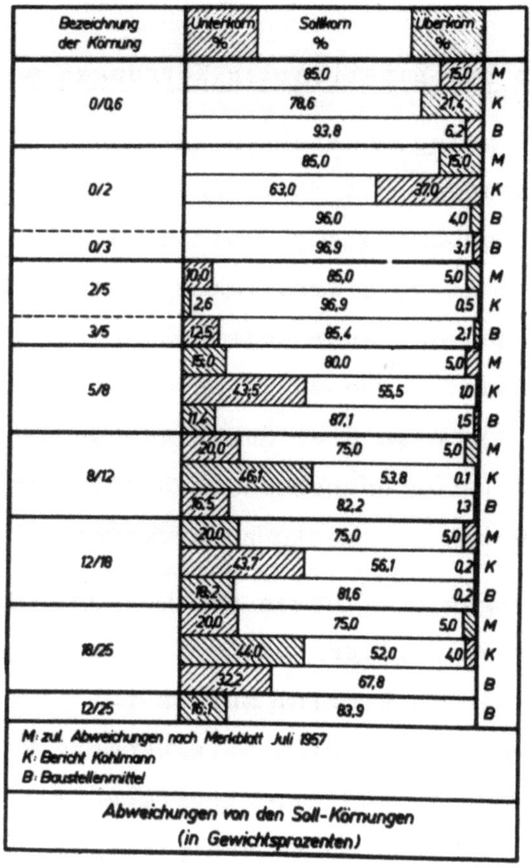

Die allgemeine Frage, inwieweit die Lieferwerke die Forderungen des Merkblattes erfüllen können, beschäftigt seit langem die Steinindustrie, die Straßenbauunternehmungen und die Bauverwaltungen. Von den beteiligten Kreisen sind umfangreiche Erhebungen zur Klärung der möglichen Korngenauigkeit angeregt worden. KOHLMANN [20] berichtet über Untersuchungen der Basalt-Edelsplitt-Lieferungen von elf Werken des Gebietes Mittelrhein-Westerwald. Auch dort wurden nur geringe Anteile an Überkorn festgestellt; das Unterkorn nahm jedoch in allen Fällen einen noch weit größeren Raum ein, als die Prüfungen auf den Baustellen A bis H ergeben haben (Abb. 30). Über die Untersuchungen von Steinlieferungen im Labor der Strabag gibt ZICHNER [32] an, daß von 168 Splittproben nur 62 (= 37 %) in bezug auf die Kornverteilung den Vorschriften entsprachen, 63 % der Proben wiesen zum Teil recht erhebliche Abweichungen auf. Vorwiegend waren ebenfalls sehr hohe Anteile an Unterkorn zu verzeichnen.

Abbildung 30

Die Erkenntnisse werden abgerundet durch den Bericht von SHERGOLD [25],
der in England bei 244 Gesteinslieferungen mit Korngrößen von 6 bis 19 mm
feststellte, daß nur 52 % der Proben die britischen Normen in bezug auf
die zulässigen Abweichungen vom Nennkorn erfüllten. Zu berücksichtigen
ist bei einem Vergleich, daß nach den britischen Vorschriften erst der
Durchgang durch das nächst kleinere Sieb im Anschluß an die kennzeichnenden Korngruppe als Unterkorn aufgefaßt wird.

8.2 Das Zuteilen der Körnungen auf den Baustellen

Auf allen Baustellen waren die Dosiergeräte für das Zuteilen der Einzelkörnungen mit Stoßaufgebern ausgerüstet. Bei den laufend entnommenen
Proben wurde zur Feststellung des Trockengewichts der Wasseranteil ermittelt. Die Genauigkeit der Probenahme ließ sich durch das Zusammenfassen mehrerer aufeinander folgender Hübe steigern, da dieses Verfahren den Abgrenzungsfehler zwischen zwei Hüben verringerte. Die Proben
mit je etwa drei Hüben wurden unbedingt während des normal laufenden
Betriebes entnommen (Abb. 26); bei veränderter Hubgeschwindigkeit sind
abweichende Werte zu erwarten.

Festgestellt wurde die Genauigkeit des Zuteilens bei den jeweilig auf
den Baustellen angetroffenen Einstellungen. Um zu brauchbaren Mittelwerten zu kommen, mußten für jede Einzelkörnung sehr zahlreiche Proben
gewogen werden. Die verwendete 20-kg-Zeigerwaage mit Taraeinstellung
ließ eine schnelle Prüffolge zu. In fünf Minuten konnten etwa zehn Prüfmengen gewogen werden; in einer Betriebsstunde war es daher bei vier
Einzelkörnungen möglich, in den Zeiten zwischen den Probenahmen an der
Trommel und am Mischer etwa je 50 Meßwerte für die Errechnung des mittleren Hubgewichtes heranzuziehen. Für die gefundene Menge eines Hubes
und für die errechneten mittleren und maximalen Abweichungen von diesem
Mittelwert kann bei der großen Zahl von Meßwerten für i.M. 4 bis 5 Betriebsstunden ein Anspruch auf ausreichende Genauigkeit erhoben werden.

Zunächst sollen auch die Messungen an den Stoßspeisern unabhängig von
den Einzelbaustellen summarisch betrachtet werden, um für die verschiedenen Korngrößen zu allgemeingültigen Ergebnissen über die zu erwartende
Zuteilgenauigkeit zu kommen (Tab. 4). Bei den Splittkörnungen traten
mittlere Abweichungen zwischen $\pm$ 0,9 und $\pm$ 4,5 % auf. Wesentlich höhere
Abweichungen waren bei den Sanden festzustellen. Hier kamen Werte von
$\pm$ 2,3 und $\pm$ 14,8 % vor. Die maximalen Abweichungen eines Einzelhubes

wiesen entsprechend höhere Werte auf; ihnen kommt jedoch für die Beurteilung der Ergebnisse geringere Bedeutung zu. Hohe Schwankungen traten bei Feinsanden besonders dann auf, wenn der Wasseranteil während der Versuchszeit stark wechselte. So sind z.B. die hohen Abweichungen beim Natursand 0/3 mm auf den Baustellen D und G zu erklären. Hier schwankte der Wasserzusatz im Beobachtungszeitraum zwischen 0,8 und 2,7 und zwischen 6,2 und 11,0 %. Wie noch weiter unten zu bestätigen sein wird, sind sehr trockene und sehr nasse Sande in erster Linie die Ursache für die Schwankungen des Hubgewichtes.

Sehr deutlich wird der Einfluß des Wassergehaltes auf das Nachlaufen des Sandes zum Siloauslauf durch die auf einer Baustelle in drei Phasen photographierte Trichterbildung in einem Dosierapparat mit Natursand 0/3 mm, Wasserzusatz 4,6 bis 5,8 %, unterstrichen: die Aufgabeleistung des Stoßspeisers ging auf Null zurück, während sich der Bedienungsmann vorübergehend von seinem Arbeitsplatz entfernte (Abb. 32a, b, c).

Abbildung 31
Nachfließende Grobkörnung

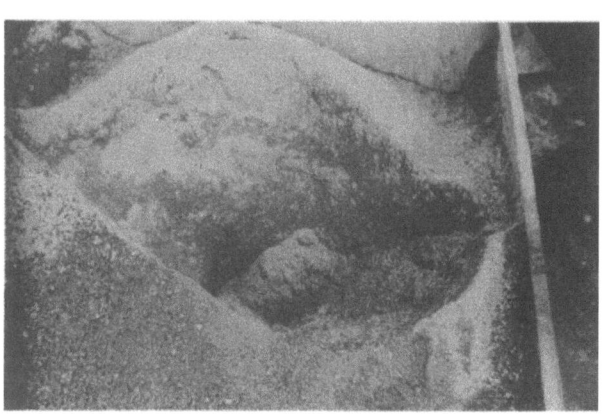

Abbildung 32a

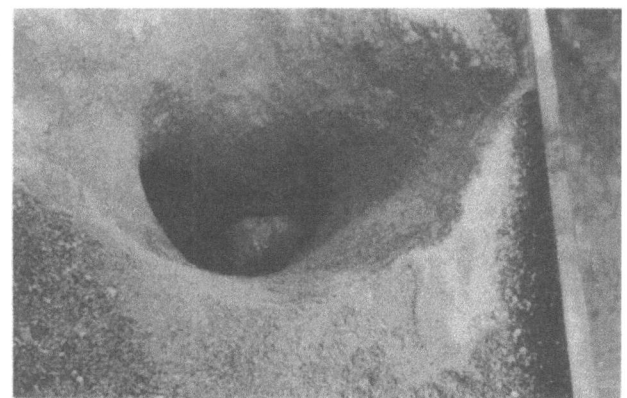

Abbildung 32b

Abbildung 32c

Abbildung 32a, b, c
Trichterbildung über dem Stoßaufgeber bei Sand

Werden die festgestellten mittleren Abweichungen in Prozenten über den nach ihrer Größe geordneten Korngruppen aufgetragen, so veranschaulicht die durch diese Punkte gelegte Kurve den allgemeinen Einfluß der Korngröße auf die Zuteilgenauigkeit der Stoßspeiser (Abb. 37). Die in der Tabelle 4 nachgewiesenen größeren Abweichungen in 8 bis 10 Betriebsstunden liefern eine ähnliche Kurve. Bei den groben Gesteinen ist das Ansteigen der Abweichungen dadurch zu erklären, daß beim Nachfüllen der Silos die grobe Körnung zunächst viele Hohlräume enthält. Die sich rhythmisch wiederholenden Arbeitsbewegungen der Dosiergeräte bewirken während des Entleerens ein Zusammenrütteln der Körner, so daß die Stoßspeiser zeitweilig höhere und kleinere Gesteinsmengen abziehen. Die Abweichungen von dem Mittelgewicht schwanken entsprechend.

8.3 Das Zuteilen der Körnungen auf dem Versuchsstand

8.31 Grobkörnungen

Den Aufnahmen auf den Baustellen schlossen sich Untersuchungen an Stoßaufgebern auf dem Versuchsstand an, um die Variablen, bei denen ein Wechsel auf der Baustelle ohne Behinderung des Betriebes nicht möglich war, verändern zu können. Die Leistung eines Stoßaufgebers wird beeinflußt:

1. von der Größe und Form der Austrittsöffnung,
2. von der Länge des meist regelbaren Hubes,
3. von der Antriebsdrehzahl,
4. von der Gesteinsart, der Kornform und der aufgegebenen Körnung,
5. von der Lagerungsdichte im Silo und
6. bei Sanden darüber hinaus vom Wasserzusatz.

Die Versuche wurden im Zusammenhang mit den Vorbereitungen für die Untersuchung einer kontinuierlich arbeitenden Zementbetonanlage auf dem Bauhof der Strabag in Soest abgewickelt. Die untersuchten Baustoffe waren:

1. Rheinkies   15/30 mm
2. Basaltsplitt   7/15 mm
3. Rheinkies   3/ 7 mm
4. Diabassplitt   2/ 5 mm
5. Rheinsand   0/ 3 mm
6. Warsteiner Brechsand   0/ 3 mm

Die Sieblinien der Körnungen sind in Tabelle 5 wiedergegeben. Da der Wasserzusatz bei den groben Körnungen ohne erkennbaren Einfluß auf die Zuteilgenauigkeit ist, wurden die Versuche mit diesen vier Zuschlagstoffen mit dem bei der Anlieferung vorhandenen Wassergehalt gefahren. Auf die Bestimmung des Wasseranteils konnte jedoch nicht verzichtet werden, da die Hubmengen auf das Trockengewicht umgerechnet werden mußten.

Der für Kies und Splitt verwendete Stoßaufgeber hatte eine Austrittsöffnung von 450 mm Breite und eine Hublänge von 150 mm; die Hubgeschwindigkeit lag bei 60 U/min. Die Abhängigkeit der Hubleistung von der Höhe der Aufgabeöffnung wurde mit Spalthöhen von 45, 70, 130 und 195 mm ermittelt. Der Stoßspeiser warf die Hubmengen auf ein Förderband, das unter der Austrittsöffnung entlanglief. Aus der Hubfolge und der Bandgeschwindigkeit ließ sich die Abwurflänge eines Hubes mit 1,19 m errechnen (Abb. 29). Beim Vor- und Zurückgehen der Schubwagen zeichnete sich jeder Einzelhub in der dargestellten Form ab. Die Hübe konnten für das Wägen exakt getrennt und vom Band abgehoben werden. Gewertet wurden in Abständen von 5 bis 10 Minuten je 5 Hübe, um aus 50 bis 100 Messungen das mittlere Hubgewicht und die mittleren und maximalen Abweichungen zu bestimmen.

Die Ergebnisse der Messungen der Aufgabeleistung und der Genauigkeit der Einzelhubgewichte sind in Tabelle 5 zusammengestellt; eine Darstellung der Hubleistungen über den Höhen und Austrittsöffnungen (Abb. 33) veran-

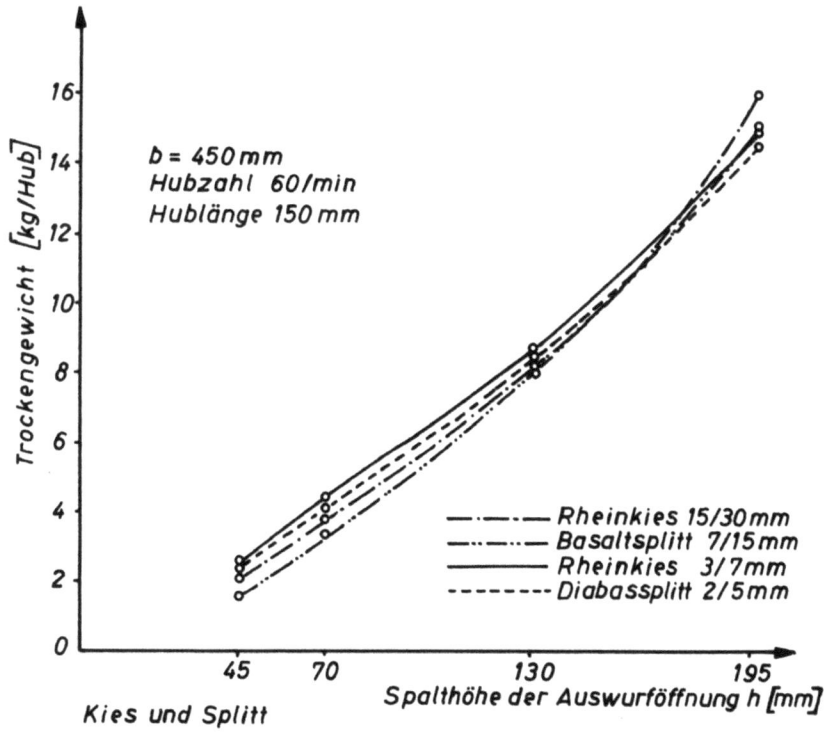

Abbildung 33

Anwachsen der Hubleistung mit zunehmender Spalthöhe

schaulicht, daß das Hubgewicht mit wachsender Spalthöhe mehr als proportional zunimmt. Auffällig ist, daß es bei den gröberen Körnungen besonders stark ansteigt. Die Erklärung ist in der unterschiedlichen gegenseitigen Behinderung der Körner mit verschieden großem Durchmesser und mit anderer Kornform in der entweder stark eingeengten schlitzförmigen Öffnung (z.B. 450 x 45 mm) oder in dem sehr weiträumigen Auslauf bei 195 mm lichter Austrittshöhe zu finden.

In einem schmalen Spalt von 45 mm Höhe behindern sich z.B. die Splittkörner der Gruppe 7/15 mm mehr als die der Gruppe 2/5 mm; trotz der höheren Schüttgewichte von γ = 1,40/1,59 (lose eingefüllt/fest eingerüttelt) der Kornklasse 7/15 mm wiegt ein Hub dieser Gruppe nur 1,480 kg gegenüber 2,360 kg der Körnung 2/5 mm (mit dem Trockenraumgewicht 1,24/1,48). Erst bei größerer Höhe der Auslauföffnung beginnen sich die Hubgewichte nach den Raumgewichten zu ordnen. Ein Vergleich der beiden Kiessorten zeigt die gleiche Tendenz. Im Bereich der Spalthöhen 130 bis 195 mm überschneiden sich die Leistungslinien; die Hubgewichte erreichen dann bei der Höhe 195 mm Werte, die etwa den Raumgewichten der Körnungen entsprechen.

Auf die Größe des Hubgewichtes übt auch die Kornverteilung einen entscheidenden Einfluß aus. Ein Vergleich zwischen den Sieblinien für den Rheinkies 15/30 mm und für den Basaltsplitt 7/15 mm (Tab. 4) läßt erkennen, daß der Kies mit seiner weit abgestuften Kornverteilung viel eher geneigt ist, unter dem Einfluß der Betriebserschütterungen sein Höchstraumgewicht von 1,60 einzunehmen als der Splitt 7/15 mm, dessen Korn zu 85 % in dem engen Bereich von 8 bis 12 mm liegt.

Der genaue Verlauf einer Leistungskurve in Abhängigkeit von der Größe und der Form der Auslauföffnung und der Hubfolge läßt sich nach diesen Untersuchungsergebnissen nur aus Versuchsreihen mit dem abzumessenden Gestein in der vorgesehenen Körnung ermitteln. Die Unterschiede in der Hubmenge zwischen verschiedenen Zuschlagstoffen lassen sich über den Bereich einer gleichbleibenden Form und Größe der Austrittsöffnung hinaus nicht verfolgen.

8.32 Natur- und Brechsande

Die Abhängigkeit des Trockengewichtes der beiden untersuchten Sande vom Wasseranteil geht aus Abbildung 34 hervor, die auch zugleich zeigt, daß der hohe Feinanteil des Warsteiner Brechsandes schon in dem sehr häufig auf der Baustelle anzutreffenden Bereich eines Wasserzusatzes von 3,0 bis 5,0 % eine erhebliche Zunahme des Raumgewichtes hervorruft. Im Gegensatz zu diesen bei losem Einfüllen bestimmten Meßwerten lieferten die beiden Sande bei festem Einstampfen nahezu unabhängig vom Wassergehalt ziemlich gleichbleibende Werte. Sie lagen für Rheinsand zwischen

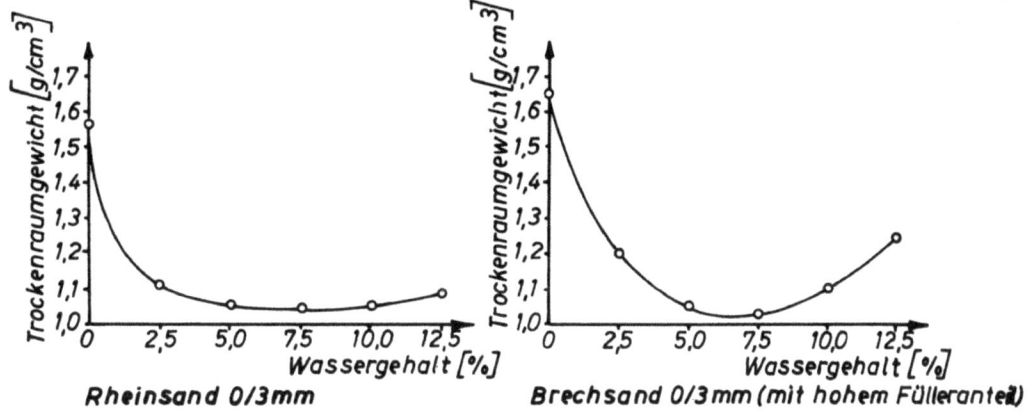

Abbildung 34

Raumgewichte der Sande abhängig vom Wasserzusatz

1,74 und 1,76 und für den Warsteiner Sand zwischen 1,90 und 2,07 t/m³. Die von den unterschiedlichen Trockenraumgewichten beeinflußte Aufgabeleistung der Stoßspeiser wurde in mehreren Versuchsreihen mit verändertem Wasserzusatz von 0 bis 12,5 % verfolgt. Die Kurve der Hubleistung beim Warsteiner Brechsand (Abb. 35) zeigt einen Verlauf, der den gemessenen Trockenraumgewichten ähnlich ist. Das Ansteigen der Leistung bei

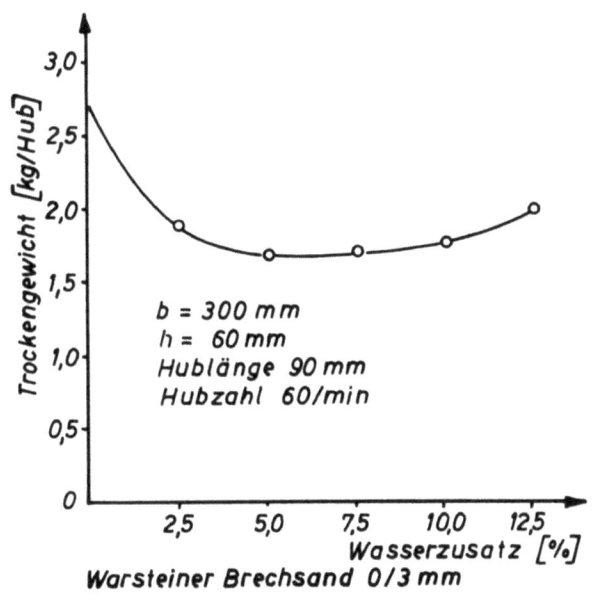

Abbildung 35

Aufgabeleistung für Brechsand abhängig vom Wassergehalt

sehr trockenem Sand ist zu einem Teil auch mit dem Nachfließen des rieselnden Gutes aus dem Silo während des Rückhubes begründet.

Die Hubleistung war ebenso wie beim Grobkorn nicht proportional der Spaltöffnung. Bei kleiner Hublänge stieg die Leistung mit zunehmender Spalthöhe weniger als proportional an; bei großen Hublängen wuchs die Aufgabeleistung steiler an (Abb. 36).

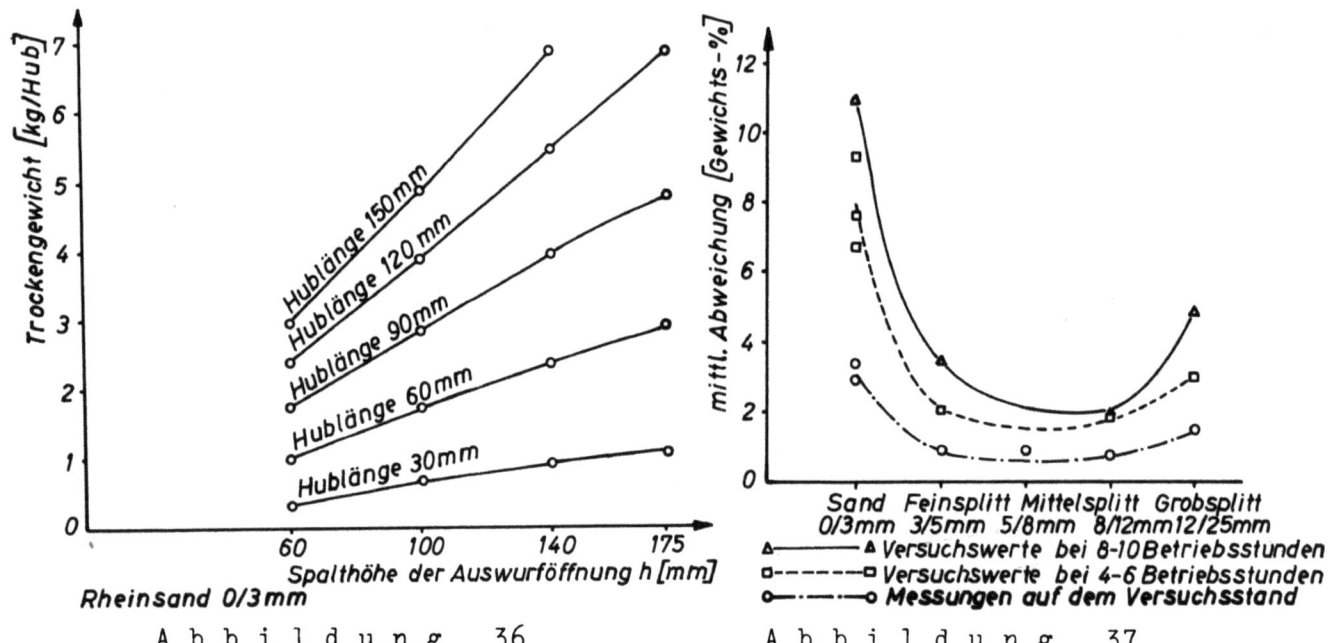

Abbildung 36
Aufgabeleistung für Rheinsand abhängig von Spalthöhe und Hublänge

Abbildung 37
Zuteilgenauigkeit der Stoßaufgeber abhängig von der Körnung

Der auf dem Versuchsstand festgestellte Streubereich der Aufgabemenge war auch bei den Sanden wesentlich kleiner als auf der Baustelle (Tab.5). Die Abweichungen lagen für Rheinsand bei 2,83 % und für Brechsand bei 3,32 %.

Bestimmend für die größere Abmeßgenauigkeit auf dem Versuchsstand (Abb. 37) war die gleichmäßig fortschreitende Entleerung des Vorrats-Silos, die bessere Beaufsichtigung und sorgfältigere Beobachtung des Stoßaufgebers, die kürzere Betriebsdauer und überdies bei den Sanden der während des Ablaufes einer Versuchsreihe konstant gehaltene Wasseranteil. Bei trockenen Sanden trat auf der Baustelle zuweilen Knollen- und Brückenbildung auf, die das Zuteilen beeinflußten. Die geringsten Abweichungen sind bei den mittleren Körnungen zu erwarten.

Ein Vorausbestimmen der Hubgewichte ist bei den Sanden ebensowenig möglich wie bei den gröberen Körnungen. Das Bestimmen von Eichkurven für die Einstellung, für jede Aufgabegeschwindigkeit und für jede Gesteinskörnung ist unerläßlich für ein sorgfältiges Zuteilen der Zuschlagstoffe. Auf den Baustellen war vielfach die Gepflogenheit zu beobachten, beim Einstellen der Stoßspeiser vor Beginn der Arbeit die Bewegungen des Hubbleches durch ein Handrad einzuleiten und nach der so gewonnenen Auswurfmenge die Größe der Aufgabeöffnung zu bestimmen. Von einer Regelung der Leistung nach dieser Probenahme im Stand kann eine ausreichende Genauigkeit beim Zuteilen nicht erwartet werden.

9. Das Gegenüberstellen der Sieblinien

Aufschluß über die Untersuchungen auf den acht Baustellen gibt die Tabelle 1, in der die technischen Daten der Anlagen, die Einzelheiten über das hergestellte Mischgut mit dem Kornbereich und der Bindemittelzugabe zusammengefaßt wurden. Der Versuchsablauf ist durch die Dauer der Betriebsuntersuchungen, durch die Zahl der an den verschiedenen Entnahmestellen gewonnenen Proben, durch die Temperaturen im Mischer und die mittlere Dauer eines Mischspieles gekennzeichnet. Zum Auffinden der Einzelergebnisse dienen die Hinweise auf die Darstellungen der Sieblinien und Auswertdiagramme am Schluß der Tabelle.

Bestimmend für die Dauer der Mischspiele war in den meisten Fällen die Leistung der Trockentrommel. Um das Gestein auf die vorgeschriebene Temperatur zu bringen, war es bei feinen Körnungen oft notwendig, zwischen zwei aufeinander folgenden Mischungen eine kurzfristige Wartezeit einzulegen. Die Mischzeiten lagen für Chargenmischer bei 1,0 min; die Dauer eines Mischspieles umfaßte bei der Herstellung von Asphaltbinder i.M. 1,30 bzw. bei Asphaltfeinbeton 1,50 min. Bei den kontinuierlich arbeitenden Mischern läßt sich eine Mischzeit aus dem nutzbaren Troginhalt Q und der mittleren Aufgabeleistung q [kg/min] errechnen:

$$t = \frac{Q}{q} .$$

Die Aufgabeleistung ist gegeben durch die Zeitfolge für die 60 bis 100 kg umfassenden Gesteinsportionen, die zwischen 0,36 und 0,42 min lag (Tab. 1).

9.1 Die Darstellung der Versuchsergebnisse

Die Kornanalysen der an den festgelegten Punkten der Anlage gewonnenen Proben führte für jede Baustelle und für jede Entnahmestelle zu einer Anzahl von Sieblinien, die als "Sieblinienband" [5, 32] Aufschluß über die Kornverteilung der Einzelproben und über die Schwankungen der Siebsummenlinien geben. Nach den TV bit [33] sollen die Sieblinien der verschiedenen Mischgutarten innerhalb der Grenzen vorgeschriebener Sieblinienbänder liegen und in diesen Bereichen stetig verlaufen.

Zur Beurteilung der Veränderungen in der Kornverteilung des Minerals lassen sich die Sieblinienbänder heranziehen. Die Fläche allein gibt jedoch nur Auskunft über die größten überhaupt auftretenden Abweichungen bei den Sieblinien. Für das Betrachten der Schwankungen sind daher nicht nur die Flächen, sondern daneben auch die Abweichungen von der mittleren Siebsummenlinie und die Abweichungen vom Soll-Aufbau des Mineralgerüstes zu vergleichen. Werden darüber hinaus auch die bei jedem Korndurchmesser auftretenden größten Abweichungen von der Mittellinie errechnet, so lassen sich mit den drei Merkmalen:

1. Breite des Sieblinienbandes in %,
2. mittlere Abweichungen von der mittleren Summenlinie des Bandes in %,
3. maximale Abweichungen von den mittleren Summenlinien des Bandes in %,

der Bereich, die mittlere Größe und die Extremwerte der Abweichungen kennzeichnen.

Für einen Vergleich der bei den einzelnen Bauvorhaben erreichten Gleichmäßigkeit soll als zweckmäßige Darstellung die mittlere Bandbreite der Sieblinien verwendet werden, die sich nach Abbildung 38 aus

$$b = \frac{b_1 + \ldots + b_n}{n}$$

errechnen läßt. Ebenso kann aus den mittleren Abweichungen bei den einzelnen Korndurchmessern ein Gesamtmittel gebildet werden. Beide Mittelwerte haben nur Anspruch auf Richtigkeit für einen Vergleich, wenn sie für annähernd gleich große Kornbereiche verwendet werden. Der Kornaufbau des Mischgutes wird deshalb durch getrennte Betrachtung von Asphaltbinder und Asphaltfeinbeton berücksichtigt. Die erhöhte Bedeutung der feinen Körnungen kommt durch engere Lage der in diesem Bereich ausgewählten Ordinaten zum Ausdruck. Eine Verlängerung des Sieblinienbandes über das vorgeschriebene Größtkorn hinaus wird bei der Bildung der Mittelwerte nicht berücksichtigt, da diese durch das Auftreten von Überkorn hervorgerufenen zusätzlichen Werte für die Bandbreite und die Abweichung günstigere Mittelwerte vortäuschen würden.

Für den Vergleich der Sieblinienbänder der Versuchsreihen werden die Darstellungen mit den zugehörigen Zahlenwerten für jede Entnahmestelle - Trommeleingang, Trommelausgang, Gesteinswaage (bei den Anlagen mit Sieb) und Mischer - in Tabellenform nebeneinandergestellt. Die zur Kennzeichnung der Probenreihen eingeführten Mittelwerte der Bandbreiten und der Abweichungen werden zur Darstellung der gefundenen Schwankungen unter den mittleren Siebsummenlinien als Stäbchendiagramme aufgetragen.

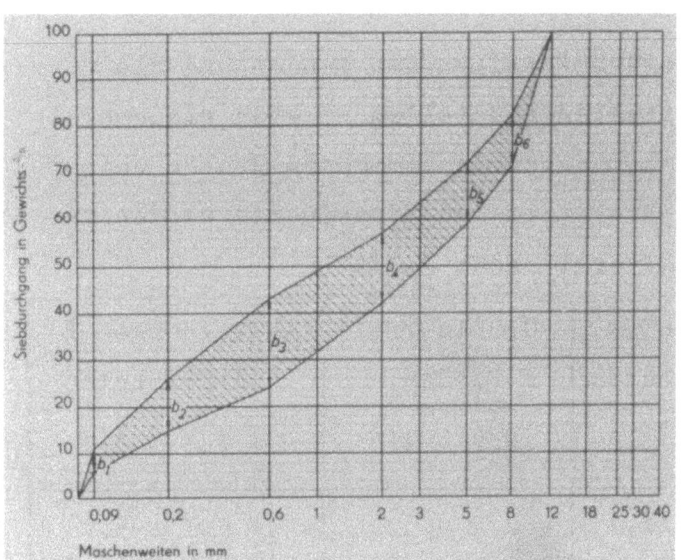

Abbildung 38
Beispiel für die Darstellung des Sieblinienbandes und die Errechnung der mittleren Bandbreite

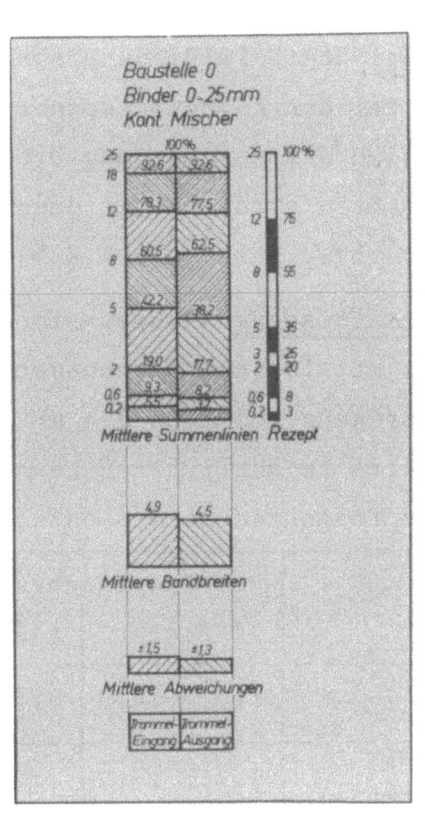

Abbildung 39
Darstellung für den Vergleich der Korngruppenanteile (Trommeleingang, Trommelausgang - Rezept)

Ein Muster für diese Gegenüberstellung zeigt Abbildung 39 mit einem bei den Vorversuchen gewonnenen Ergebnis. Jede Korngruppe läßt sich bei dieser Wiedergabe in ihrem Anteil verfolgen und mit der Soll-Linie vergleichen. Da die Auswertung zeigte, daß die Streuungen nicht proportional den Kornanteilen sind, sondern bei kleineren Anteilen oft größer werden, wurden die Veränderungen zur Kennzeichnung ihrer Größe auf das Gesamtgesteinsgewicht bezogen.

9.2 Der Vergleich der Ergebnisse

9.21 Der Durchgang durch die Trommel

Ein Vergleich der nebeneinandergesetzten Sieblinien der Versuchsreihen (Tab. 6 bis 14) zeigt, daß wesentliche Abweichungen zwischen den Bändern weder bei den Bindergemischen noch bei der Aufbereitung von Asphaltfeinbeton auftreten. Bei den Sieblinien der Proben vom <u>Trommeleingang</u> wirken sich die Fehler beim Zuteilen, die Streuungen in der Kornverteilung der angelieferten Gesteinssorten und der Gehalt an Unter- und Überkorn aus. Die Siebkurven "Trommeleingang" und die zugehörigen Zahlenwerte lassen erkennen, daß beim Bindermischgut die größten Bandbreiten mit 7,5 bis 14,9 % bei den Korndurchmessern 8 bis 12 mm und beim Asphaltfeinbeton im Bereich der Feinkörnung 0,6 bis 2 mm mit 6,8 bis 13,8 % liegen; die Abweichungen erreichen an denselben Stellen Werte von ± 2,2 bis 4,8 % (Binder) bzw. ± 2,3 bis 4,2 % (Decke).

<u>Am Trommelausgang</u> bewegen sich die Größtbreiten des Bandes und die größten mittleren Abweichungen bei allen Baustellen in etwa gleicher Größenordnung und auch die am Mischerausgang entnommenen Proben weisen Größtwerte in ähnlicher Höhe auf. Die maximalen Einzelwerte werden in der nachfolgenden Zusammenstellung verglichen:

	Größte Bandbreiten %		Größte mittl. Abweichungen %	
	A-Binder	A-Feinbeton	A-Binder	A-Feinbeton
Trommeleingang	7,5 ÷ 14,9	6,8 ÷ 13,8	± 2,2 ÷ 4,8	± 2,3 ÷ 4,2
Trommelausgang	7,9 ÷ 15,9	6,0 ÷ 14,1	± 2,2 ÷ 5,2	± 1,7 ÷ 5,0
Gesteinswaage (bei den Anlagen mit Sieb)	6,8 ÷ 15,4	7,9 ÷ 13,6	± 2,4 ÷ 4,9	± 2,3 ÷ 4,5
Mischerausgang Sieb mit	6,1 ÷ 15,3	6,5 ÷ 10,6	± 1,5 ÷ 4,9	± 2,2 ÷ 3,2
Mischerausgang Sieb ohne	5,4 ÷ 15,7	6,4 ÷ 7,6	± 1,5 ÷ 4,4	± 1,7 ÷ 2,6

Die angegebenen Größtwerte liegen beim Binder im Bereich 8 und 12 mm und beim Asphaltfeinbeton zwischen 0,6 und 2 mm Korndurchmesser.

Nach dieser Gegenüberstellung der Schwankungen der Sieblinien sollen für eine bessere Übersicht die nach Abbildung 39 errechneten mittleren Bandbreiten und die zu jeder Sieblinienfläche gehörigen Mittelwerte der Abweichungen betrachtet werden. Sie sind für alle Baustellen A bis H getrennt nach der Art des Gemisches als Stäbchen-Diagramme in den Tabellen 15 und 16 aufgetragen. Die Darstellungen enthalten neben den die Schwankungen der Einzelproben kennzeichnenden Bandbreiten und Abweichungen noch die aus den Sieblinien errechneten mittleren Siebsummenlinien zu den verschiedenen Proben einer Versuchsreihe.

Die aus diesen beiden Tabellen entnommenen kleinsten, größten und mittleren Werte aller Baustellen können zur Kennzeichnung des Verlaufes der Schwankungen in der Kornverteilung dienen. Die Ziffern vermitteln zugleich einen Überblick über die Größenordnung, in der sich die Streuungen bewegen:

	Grenz- und Mittelwerte der mittleren Bandbreiten %		Grenz- und Mittelwerte der mittleren Abweichungen %	
	Binder	Decke	Binder	Decke
Trommeleingang	4,2 ÷ 8,4 i.M. 5,76	5,1 ÷ 8,3 i.M. 6,43	± 1,4 ÷ 2,6 i.M. ± 1,82	± 1,6 ÷ 2,3 i.M. ± 2,01
Trommelausgang	2,9 ÷ 7,2 i.M. 5,39	4,2 ÷ 7,6 i.M. 5,85	± 1,1 ÷ 2,1 i.M. ± 1,63	± 1,4 ÷ 2,4 i.M. ± 1,88
Gesteinswaage (bei den Anlagen mit Sieb)	4,8 ÷ 6,2 i.M. 5,42	4,7 ÷ 7,4 i.M. 5,84	± 1,5 ÷ 1,9 i.M. ± 1,66	± 1,7 ÷ 2,3 i.M. ± 1,90
Mischerausgang Anlagen mit Sieb	3,2 ÷ 6,5 i.M. 4,82	3,0 ÷ 7,1 i.M. 5,36	± 1,1 ÷ 1,8 i.M. ± 1,42	± 1,6 ÷ 2,2 i.M. ± 1,74
Anlagen ohne Sieb	2,7 ÷ 6,9 i.M. 4,20	4,6 ÷ 6,2 i.M. 5,20	± 1,0 ÷ 1,9 i.M. ± 1,28	± 1,4 ÷ 1,9 i.M. ± 1,60

Aus den Mittelwerten ist eindeutig zu erkennen, daß die Proben am Trommelausgang kleinere Bandbreiten und geringere Abweichungen aufweisen als am Trommeleingang. Auch ein Vergleich der Einzelwerte der Baustellen A bis H verdeutlicht, daß durch die Trommel kein Entmischen des Gesteins auftritt, sondern daß eher infolge der Mischwirkung der rotierenden Trommel von einer geringfügigen Verbesserung der Gleichmäßigkeit der Kornverteilung gesprochen werden kann, die später in den Mischern noch weiterhin zunimmt.

Der aus der Trommel abgesaugte Staub rief zwischen Trommeleingang und -ausgang einen Verlust am Anteil der Füllergruppe 0 bis 0,09 mm hervor, der sich bei den Bindern zwischen 0,4 und 1,7 % und bei den feinkörnigen Mischungen auf 2,0 bis 7,7 % belief; bei den angrenzenden Feinkornklassen 0,09 bis 0,2 und 0,2 bis 0,6 mm traten wesentliche Verschiebungen nicht auf. Auf Einzelheiten zur Entstaubung wird noch im Abschnitt 9,34 einzugehen sein.

Mit sehr hoher Genauigkeit ließen sich die drei Splittkörnungen 3/5, 5/8 und 8/12 mm auf der Baustelle H für eine Einstreudecke zuteilen und verarbeiten. In 6,5 Betriebsstunden wiesen die 10 bzw. 11 Proben am Trommeleingang und -ausgang nur Bandbreiten von 3,4 und 3,1 % und mittlere Abweichungen von $\pm$ 0,8 bzw. $\pm$ 0,7 % auf (Tab. 15, Bild o und Tab. 17).

9.22 Der Einfluß des Siebes

Die Sieblinien "Gesteinswaage" geben die Kornverteilung wieder, die sich aus der Addition des mit der Gattierungswaage vor dem Mischer zusammengestellten Trocken-Mineralgemisches ergibt. Bei den kontinuierlich arbeitenden Anlagen ohne Zwischensiebung entfiel diese Probenahme. Der Verlauf der Sieblinien zeigt, daß die geforderten Prozentsätze an Feinkorn 0/3 mm auf allen Baustellen nahezu exakt eingehalten werden konnten. Durch das im Grobkorn vorhandene Unterkorn traten nur geringfügige Verschiebungen der sich als Schnittpunkt der Sieblinien abzeichnenden Grenze der beiden aufgegebenen Körnungen 0/3 mm (Korngruppe I) und > 3 mm (Korngruppe II) auf. Bei den Sieblinien der auf der Baustelle E an der Gesteinswaage entnommenen Proben ist eine zweite Verengung des Sieblinienbandes bei $\emptyset$ 12 mm zu erkennen, da das Sieb dieser Anlage die getrockneten Mineralien in drei Fraktionen (Korngruppe I, II, III) zerlegte.

Die unter den Siebbehältern entnommenen Proben gaben Aufschluß über die Abweichungen von den Sollkörnungen der Siebe. Überkorn wurde nicht gefunden; die Anteile an Unterkorn gaben das folgende Bild: (s. nächste Seite).

Die Prozentsätze sind auf die zugehörigen Siebrückstandsmengen bezogen. Bemerkenswert ist, daß der erhöhte Anteil an Feinkorn beim Deckensiebgut einen wesentlich höheren Prozentsatz an Fehlkorn mit sich bringt. Da der Asphaltfeinbeton gegenüber dem Binder jedoch etwa den doppelten Anteil der Korngruppe II besitzt, bewegt sich die auf das Gesamtgesteins-

Bau-stel-le	Sieb-anord-nung nach Abb.	Daten der Siebe				Unterkorn in Gew.-%			
		Ma-schen-weiten [mm]	Nei-gung [°]	Schwin-gungen [min^{-1}]	Hub i.M. [mm]	Korn-gruppe II		Korn-gruppe III	
						Binder	Decke	Binder	Decke
A	24	3; 20	12	1500	4,18	---	4,1	---	---
B	24	3; 20	12	1500	4,08	3,2	8,5	---	---
C	24	3; 25	12	1500	4,36	3,4	5,6	---	---
E	25	3;12;25	11	1500	4,26	4,4	8,9	3,1	---

gewicht bezogene Unterkornmenge bei beiden Mischgutarten in der gleichen Höhe von etwa 2,5 %. Von diesen geringen Anteilen an Unterkorn ist ein wesentlicher Einfluß auf die Genauigkeit der Sieblinien nicht zu erwarten. Die Amplituden der Schwingungen wurden auf den oberen Siebböden der als Zweidecker ausgebildeten Siebanlagen mit einem Askania-Tastschwingungsschreiber aufgenommen und als Mittelwerte der Messungen an den Rändern und in den Feldern der Bespannungen niedergeschrieben.

Die Mittelwerte der Bandbreiten und der Abweichungen werden durch die Einschnürungen der Sieblinienbänder kaum beeinflußt, da das Absieben die Streuungen in der Kornverteilung innerhalb der einzelnen Siebgruppen nicht verringert (vergl. Tab. 7, 11, 12 und 13). Besondere Aufmerksamkeit kommt allerdings noch der Wahl der Maschenweite der Siebe zu, die im nächsten Abschnitt behandelt wird.

9.23 Das Mischgut

Entscheidend für die Beurteilung einer Aufbereitungsanlage ist letzten Endes die Güte des Mischgutes. Um beim Vergleich der errechneten Mittellinie mit dem Rezept den Anschluß an die Probe "Trommelausgang" bzw. "Gesteinswaage" auch dann herzustellen, wenn der Mischung Füller hinzugesetzt wurde, sind in den Stäbchendiagrammen der Tabelle 16 die Rechenwerte "Gesteinswaage mit Füller" eingeführt worden. Ein Vergleich dieser Mittellinie mit der zugehörigen Kornverteilung im Mischgut zeigt, daß in einigen Fällen durch Fehler in der Füllerzuteilung die errechnete Füllermenge im Mischgut nicht vorhanden war. Auf den Baustellen traten Fehlmengen bis 3,1 und 4,0 % auf.

Ein Blick auf die Sieblinien der extrahierten Mischgutproben und auf die gefundenen Bandbreiten und Abweichungen läßt erkennen, daß der Mischer die Gleichmäßigkeit der Proben verbessert. Die Bandbreiten nehmen bis 3,3 %, die mittleren Abweichungen bis 0,8 % ab.

In der auf Seite 59 wiedergegebenen Übersicht zeigt ein Vergleich der Mischgutproben, daß Unterschiede, aus denen bei den Anlagen ohne Siebeinrichtung ein schlechterer Mischerfolg hergeleitet werden könnte, nicht zu erkennen sind.

Der Einfluß einer sorgfältigen Zuteilung geht aus den Sieblinien und Stäbchen-Diagrammen der einzelnen Baustellen hervor. So zeigen z.B. die Sieblinienbänder "Trommeleingang" der Baustellen B, D und F einen besonders geschlossenen Verlauf; entsprechend kleine Bandbreiten und Abweichungen sind dann auch am Trommelausgang und beim Mischgut zu finden. Weniger sorgfältig wurde die Aufgabe der Körnungen auf der Baustelle C gehandhabt. Die Fehler bei der Aufgabe zeichnen sich durch Streuungen der Bandbreite bis 8,3 und 8,4 % und der mittleren Abweichungen bis $\pm$ 2,3 und $\pm$ 2,6 % ab. Sie setzen sich auch bei den weiteren Entnahmestellen am Trommelausgang und am Mischer fort. Auf den Baustellen B, D und F waren drei verschiedene Gerätetypen eingesetzt, die mit Sieb (B) und ohne Sieb (D und F) ausgerüstet waren; bei der Anlage C konnte auch die Siebanlage beim Aufbereiten von Asphaltfeinbeton (Tab. 16, Bild c und Tab. 12) die Aufgabefehler nicht korrigieren. Dagegen lassen sich bei den Teersplittbindern I und II auf der Baustelle C Verbesserungen im Verlauf der Sieblinien feststellen (Tab. 7 und Tab. 15, Bild b und c). Die äußeren Sieblinien des Bandes rücken nach der Zwischensiebung an der Kornscheide bei 3 mm Durchmesser bei den Proben "Gesteinswaage" in einer Einschnürung des Bandes zusammen, die etwas weniger ausgeprägt auch noch beim Mischgut zu erkennen ist.

Dieser Erfolg ist darauf zurückzuführen, daß die maximalen Streuungen (vergl. Tab. 7, Trommeleingang und -ausgang) mit der gewählten Maschenweite des Siebes zusammenfallen. Bei der Aufbereitung des Asphaltfeinbetons blieb diese Wirkung des Nachsiebens aus, da die größten Abweichungen zwischen den Sieblinien am Trommeleingang im Bereich der Körnung 0,6 bis 1 mm lagen, das verwendete Sieb aber eine Maschenweite von 3 mm besaß. Eine spürbare Verbesserung der Sieblinien und ihrer Abweichungen ist offensichtlich nur dann zu erreichen, wenn die gewählten Maschenweiten im Bereich der größten Streuungen liegen und wenn Fixpunkte in der Sieblinie an verschiedenen Stellen durch Einschalten mehrere Siebflächen mit aufeinander abgestimmten Maschenweiten angestrebt werden. Da das Feinkorn wegen der Schwierigkeiten beim Zuteilen besonders große Streuungen besitzt, müßte eine Nachsiebung in erster Linie bei einer Maschenweite von etwa 1 mm eingeschaltet werden.

Die Gegenüberstellung der Mittellinien der Mischgutproben mit den Rezepten für die Kornverteilung (Tab. 15 und 16) zeigt Abweichungen in den Korngruppen bis 4,3 % beim Bindermischgut und bis 4,7 % beim Asphaltfeinbeton. Die Übereinstimmung mit dem geforderten Kornaufbau bewegt sich bei den Anlagen mit und ohne Siebeinrichtung im gleichen Rahmen.

9.24 Die Mittelwerte der Veränderungen

Abschließend sollen die gefundenen Mittelwerte der Bandbreiten und Abweichungen zur Kennzeichnung ihres Verlaufes bei den verschiedenen Bauarten, getrennt nach Grob- und Feinmischgut, graphisch aneinander gereiht werden. Wenn nachstehend die auf den verschiedenen Baustellen erreichten Genauigkeiten für die untersuchten Maschinentypen verglichen werden, so geschieht dies, ohne die Absicht zu verfolgen, zu einem Werturteil über die verwendeten Mischersysteme zu kommen. Es besteht Klarheit darüber, daß bei Baustellenversuchen stets unterschiedliche Startbedingungen vorhanden sind, die in den verwendeten Baustoffen, dem Zustand der Geräte, dem Ausbildungsstand des Personals, der Bauleitung und Bauaufsicht, der Bauorganisation und den Witterungsverhältnissen liegen. Insbesondere üben die Abweichungen bei der Baustoffabmessung auf die Ergebnisse der später folgenden Meßpunkte einen so erheblichen Einfluß aus, daß die absolute Größe der Kennwerte nur für das untersuchte Bauvorhaben Gültigkeit haben kann.

Ein Querschnitt durch alle Meßwerte kann darüber hinaus Aufschluß über die auf den Baustellen zu erwartenden Veränderungen und ihre allgemeine Größenordnung geben.

Die Aufbereitung von <u>Asphaltbinder</u> zeitigte die in Abbildung 40 wiedergegebenen Ergebnisse für die Baustellen B bis H. Die Mittelwerte an den verschiedenen Entnahmestellen lassen die abnehmenden Veränderungen bei den entnommenen Proben im fortschreitenden Betriebsablauf erkennen (Abb. 41). Mittlere Abweichungen von $\pm$ 1,8 % und $\pm$ 1,9 % treten je nur einmal auf (zugehörige Bandbreiten 6,5 und 6,9 %); die anderen Werte bewegen sich in der Nähe des Gesamtmittels von $\pm$ 1,35 % (Bandbreite 4,48 %). Die Genauigkeit hält sich danach sowohl bei den Anlagen mit Sieb als auch bei den Anlagen ohne Sieb in den gleichen Grenzen.

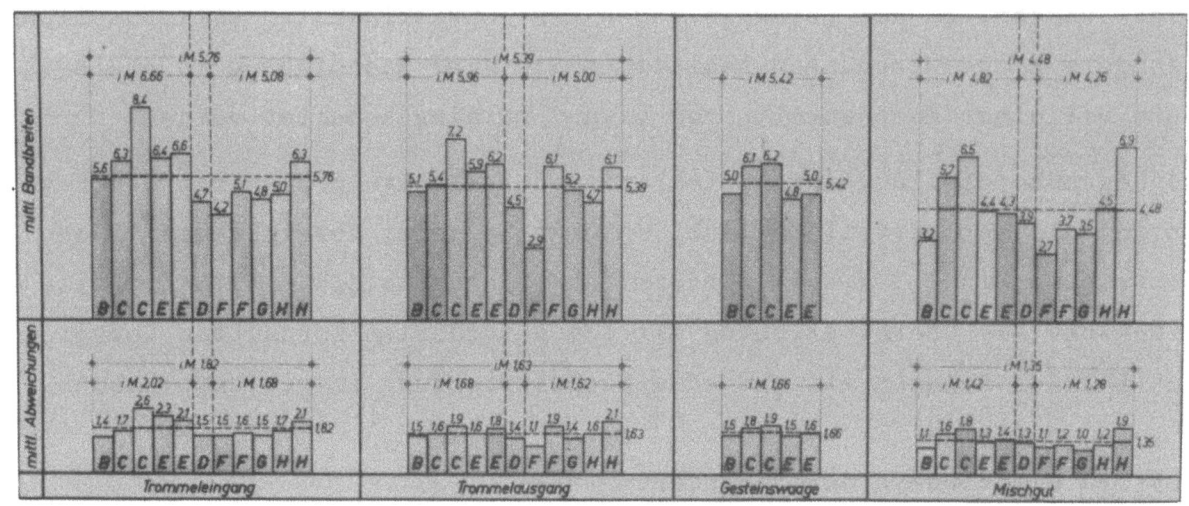

Abbildung 40
Veränderungen in der Kornverteilung bei Asphaltbindern
(Einzelwerte)

Die sehr geringen Streuungen bei der Baustoffzuteilung auf den Baustellen D, F, G und H lieferten bei dem Charagenmischer ohne Sieb und bei den kontinuierlich arbeitenden Anlagen besonders gute Mittelwerte.

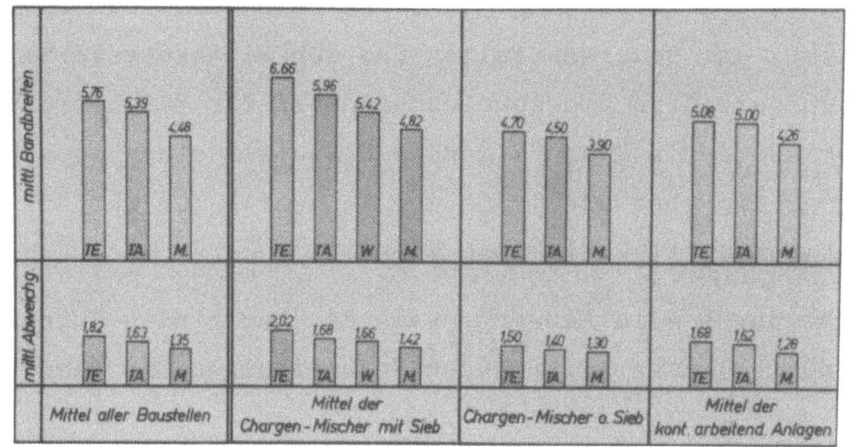

Abbildung 41
Veränderungen in der Kornverteilung bei Asphaltbindern
(Gesamtwerte)

Bei der Aufbereitung von <u>Asphaltfeinbeton</u> lagen die Mittelwerte der Abweichungen am Trommeleingang mit ± 2,08 bzw. ± 1,90 % für beide Bauarten der Anlagen wesentlich dichter beieinander (Abb. 42 und 43); das Endergebnis am Mischerausgang zeigt mit ± 1,74 bzw. 1,60 % fast den gleichen Abstand. Das Gesamtmittel liegt mit ± 1,69 (Bandbreite 5,30 %) etwas höher als bei der Aufbereitung von grobkörnigem Mischgut.

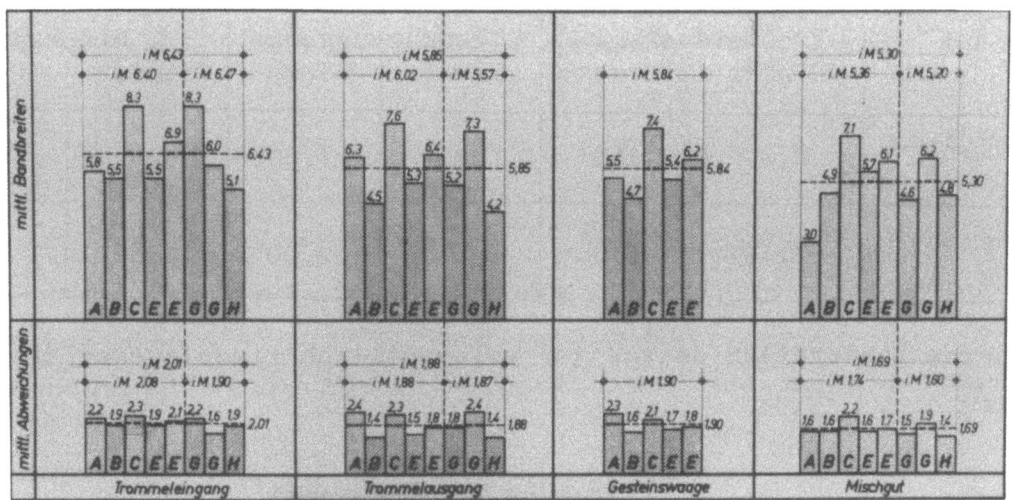

A b b i l d u n g   42
Veränderungen in der Kornverteilung bei Asphaltfeinbeton
(Einzelwerte)

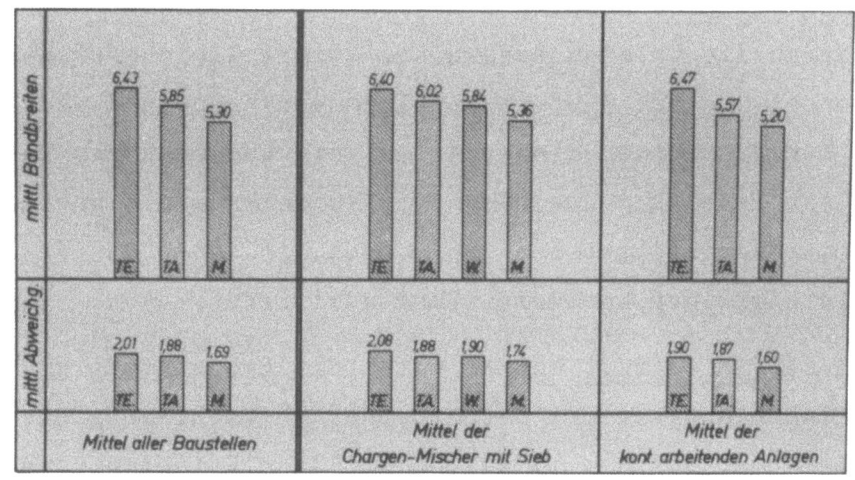

A b b i l d u n g   43
Veränderungen in der Kornverteilung bei Asphaltfeinbeton
(Gesamtwerte)

9.3 Einzelauswertung

9.31 Dauerbetrieb

Um Rückschlüsse aus der Länge der Betriebsdauer auf die Zunahme der Veränderungen ziehen zu können, wurden auf einigen Baustellen die Untersuchungen auf 10 bis 12 Betriebsstunden ausgedehnt. Bei den mittleren

Abweichungen traten dabei keine wesentlichen Änderungen ein; dagegen nahmen die mittleren Bandbreiten im allgemeinen zu (Tab. 15, Bild m und n; Tab. 16, Bild i und k):

	Trommelausgang		Trommelausgang		Mischgut	
	Binder	Decke	Binder	Decke	Binder	Decke
mittlere Bandbreite %	8,00	7,80	7,30	7,40	6,65	6,30
mittlere Abweichung %	± 2,15	±2,10	±2,00	±2,00	±1,60	±1,75

Die größeren Bandbreiten deuten auf gelegentliche Einzelausschläge der Sieblinien hin.

9.32 Anlauf- und Umstellzeit

Aus früheren Versuchen und aus der im Abschnitt 4.3 vorausgeschickten Berechnung des Gesteinslaufes durch die Trommel geht hervor, daß Grob- und Feinkörner eine unterschiedliche Durchlaufzeit in der Trockentrommel benötigen. Beim Anlaufen der Trommel ist danach am Trommelausgang zunächst der Austritt von Körnern mit großem Durchmesser zu erwarten, bis sich der durch die Untersuchungen bestätigte Gleichgewichtszustand in der Zusammensetzung des Gesteins am Trommeleingang und -ausgang eingestellt hat. Der Ausdehnung dieser Anlaufzeit und auch der Dauer für das Entleeren der Trommel mußte besondere Aufmerksamkeit gewidmet werden, um die Zeiträume kennzeichnen zu können, in denen das Trockengestein mit ungleichmäßiger Kornverteilung austritt.

Zur Ermittlung der <u>Anlaufzeit</u> konnte neben der Beobachtung des Gesteinsauswurfes am Trommelausgang mit der Stoppuhr in Verbindung mit der Entnahme von Proben noch auf die in Abschnitt 10 erläuterten Leistungsaufnahmen der Antriebsmotoren der Drehtrommeln zurückgegriffen werden.
Am Ausgang einer 8-m-Trommel mit 1250 mm Durchmesser (Neigung der Hubleisten $11°$, 11 U/min) auf der Baustelle M trafen die ersten Einzelkörner 1,2 bis 1,5 min nach dem Einschalten des Dosiergerätes ein, die sich am Ende dieser Zeitspanne zu einem Gesteinsstrom mit überwiegendem Anteil an Grobkorn vereinigten. 1,8 bis 2,0 min nach Aufnahme der Arbeit traten mit zunehmendem Maße feinere Körnungen hinzu, bis die volle Auswurfleistung nach etwa 5 bis 7 min erreicht war. Die entnommenen Siebproben wiesen zunächst noch ein wechselndes Zu- und Abnehmen des Fein-

kornanteiles auf, bis nach etwa 10 bis 15 min eine gleichbleibende Kornverteilung in den Proben eintrat.

Beim Ausschalten des Kaltevelators war eine Veränderung des Ausstoßes nach 2,5 bis 4,0 min zu erkennen. Zunächst fiel das Abnehmen der Grobkörnungen auf. Nach 12 bis 15 min wurden abwechselnd Feinkörnungen und auf dem Boden der Trommel tanzenden Einzelkörner ausgeworfen; das <u>völlige Entleeren</u> der Trommel war auch nach 25 min noch nicht erreicht.

Die Beobachtung der nach der Erfahrung bei gleichbleibender Aufgabeleistung konstant bleibenden <u>Trommelfüllung</u> war durch laufende Zeitaufnahmen möglich, bei denen die Füllzeiten für den Aufgabebehälter des Trockengesteines der kontinuierlich arbeitenden Anlagen festgestellt wurden. Auf der Baustelle M lagen die Füllzeiten für den 250 kg fassenden Wägebehälter in längeren Beobachtungszeiten beim Trocknen einer Feinkörnung 0 bis 8 mm zwischen 0,49 und 0,56 min (i.M. 0,530 min), für ein Splittgemisch 5 bis 15 mm wurden je 250 kg Auswurfmenge 0,39 bis 0,44 min (i.M. 0,416 min) gemessen.

9.33 Kurzzeitige Folge der Probenahme

Um die Bewegungen der Sieblinien auch in sehr kurzen Zeiträumen verfolgen zu können, wurden auf einigen Baustellen am Trommelausgang eine Anzahl von Proben in sehr schneller Folge im Abstand von etwa 5 bis 10 min entnommen. Die Sieblinienbänder gaben stets ein geschlossenes Bild; die mittleren Bandbreiten lagen zwischen 4 und 6 %, bei den Abweichungen traten Werte bis $\pm$ 2 % auf (Tab. 18, Baustelle E). Die auftretenden Veränderungen lagen in einer Größenordnung, die sich den Werten für eine halbe und eine volle Arbeitsschicht anpaßt. Es ist zu erkennen, daß der Kornaufbau des Trockengesteins am Trommelausgang den Schwankungen bei der Zuteilung folgt.

9.34 Der Staubentzug in der Trommel

Bei einer Gegenüberstellung der aus der Trommel abgesaugten Staubanteile von 0 bis 0,09 mm (vergl. S. 60) mit den am Trommeleingang aufgegebenen Anteilen dieser Korngruppe fällt auf, daß der Prozentsatz des Verlustes bei grobkörnigen Gemischen größer ist als bei feineren Körnungen. Eine Erklärung hierfür ist darin zu suchen, daß der den Staub mitreißende Luftstrom zwischen den groben Gesteinskörnern weniger behindert wird als beim Durchtritt durch einen dichten Schleier feiner Körner mit hohem Staubanteil. Die aus den Sieblinien der Proben entnommenen Werte wurden auf einigen Baustellen mit den in den Zyklonen abgeschiedenen Feinstkornmengen verglichen und auf das Gewicht des getrockneten Gesteins bezogen, das sich aus der Mischleistung der Anlage in dem betrachteten Zeitabschnitt ergab. Die Staubanteile lagen in folgender Größenordnung:

Baustelle	Mischgutart	entzogener Staub je t Trockengestein	
		[kg/t]	[%]
E	Binder	12,4	1,2
G	Binder	10,5	1,1
E	Decke	31,8	3,2
G	Decke	27,6	2,8

Über den Aufbau der entzogenen Staubkörnungen gaben eine Reihe von Siebanalysen der gesammelten Mengen Aufschluß. Die Untersuchungen dieser Proben bestätigten die Ergebnisse des Rechnungsganges, daß bei hoher Windgeschwindigkeit in der Trommel auch ein Teil des über den Durchmesser von 0,09 mm hinausgehenden Kornes verlorengeht. Die Siebanalysen ergaben bei den untersuchten Anlagen folgende Grenz- und Mittelwerte:

Kornklasse	Anteile in %	
< 0,09	75,8 ÷ 88,9	i.M. 82,7
0,09 - 0,2	10,8 ÷ 18,7	i.M. 12,4
0,2 - 0,6	3,2 ÷ 6,8	i.M. 4,5
> 0,6	0 ÷ 1,1	i.M. 0,4

10. Leistungsmessungen an die Antriebsmotoren

Ein Überblick über die erforderlichen Antriebsleistungen für die einzelnen Geräte konnte durch Messungen an Aufbereitungsanlagen mit elektrischem Einzelantrieb gewonnen werden. Zu diesen Aufnahmen diente ein Wattschreiber mit regelbarer Vorschubzeit. Aus den aufgeschriebenen Ordinaten läßt sich durch einen Umrechnungsfaktor, der das Übersetzungsverhältnis des verwendeten Stromwandlers, die Meßnenn- und Betriebsspannung und das Verhältnis der Ausschläge des Instrumentes zur Meßeinheit [mm] berücksichtigt, die Wirkleistung in kW errechnen. Bei den wiedergegebenen Diagrammen (Wandler 50:5, Meßspannung 100 V, Betriebsspannung 380 V) ist die Wirkleistung

$$N_w = \frac{50}{5} \cdot \frac{380}{100} \cdot \frac{1}{120} \cdot y = 0,317 \cdot y \quad kW.$$

Einer stark wechselnden Belastung, die vom Trog-Inhalt, von der Drehzahl, vom Mischgut, vom Arbeitsprinzip und von der Art der Beschickung des Mischers abhängig ist, unterliegt der Mischermotor. Auf den Baustellen B, C und E wurde die Leistungsaufnahme bei den Antriebsmotoren von <u>Chargenmischern</u> mit verschiedenem Inhalt und mit wechelnden Drehzahlen gemessen (Abb. 44, 45, 46). Zu unterscheiden waren bei den **Arbeitsspielen**

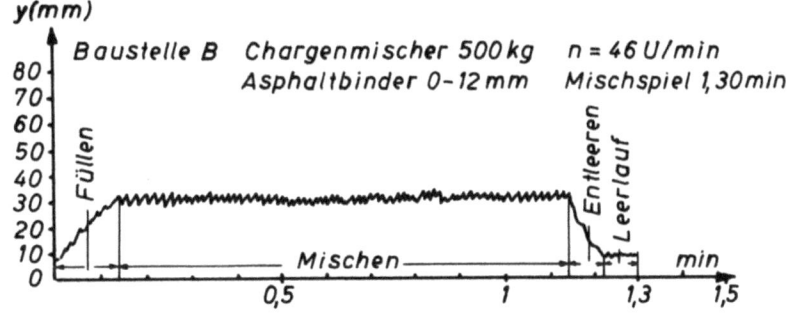

A b b i l d u n g   44

Aufgenommene Leistung eines 29,5-kW-Motors für 500-kg-Charagenmischer, Mischleistung 23 t/h - elektr. Arbeitsaufwand 0,386 kWh/t

Maßstab 1 mm = 0,317 kW

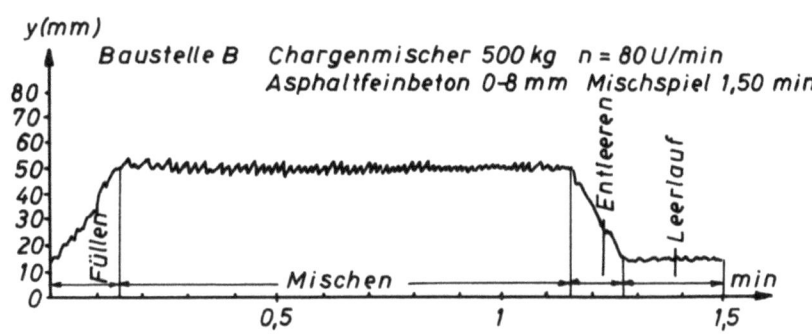

A b b i l d u n g   45

Aufgenommene Leistung eines 29,5-kW-Motors für 500-kg-Chargenmischer, Mischleistung 20 t/h - elektrischer Arbeitsaufwand 0,672 kWh/t

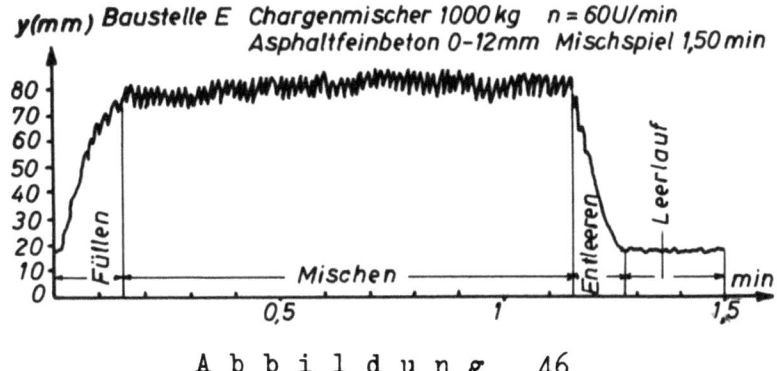

A b b i l d u n g   46

Aufgenommene Leistung eines 30-kW-Motors für 1000-kg-Chargenmischer, Mischleistung 40 t/h - elektr. Arbeitsaufwand 0,514 kWh/t (vergl. S. 55) mit Mittelwerten von 1,30 min (Asphaltbinder) bzw. von 1,50 min (Asphaltfeinbeton):

    die Füllzeit mit 0,14 min (Binder)
              bzw. 0,15 min (Decke),
    die Mischzeit mit 1,00 min,
    die Entleerungszeit mit 0,08 min bzw. 0,12 min und
    die Leerlaufzeit mit 0,08 min bzw. 0,23 min.

Nach dem Einfüllen tritt während des Mischens eine nahezu gleichbleibende Leistungsaufnahme ein, die gegen das Ende des Mischprozesses geringfügig abfällt. Von erheblichem Einfluß ist die gewählte Drehzahl; ein Vergleich der größten Ordinaten in den Abbildungen 44 und 45 zeigt ein Anwachsen um fast 60 % bei einem Anstieg der Drehzahl von 46 auf 80 U/min. Die auftretenden Betriebsstöße kommen in der Differenz zwischen den größten und kleinsten Watt-Ordinaten zum Ausdruck. Aus den Flächen der Diagramme läßt sich der elektrische Arbeitsaufwand für ein Mischspiel ermitteln, der zugleich Auskunft über die für jede Tonne Mischgut erforderliche Arbeit gibt. Die Meßwerte der Chargenmischer zeigt die folgende Aufstellung:

Baustelle		B	B	C	E
Mischergröße	[kg]	500	500	500	1000
Drehzahl	[U/min]	46	80	40	60
Antriebsmotor	[kW]	29,5	29,5	29,5	30
Mischgut		Binder 0-25	Decke 0-8	Decke 0-8	Decke 0-12
Mischleistung	[t/h]	23	20	20	40
Wirkleistung: Leerlauf	[kW]	2,85	4,45	3,64	5,70
N_w mitt.	[kW]	10,00	16,65	12,65	25,00
N_w max.	[kW]	10,80	17,15	13,40	27,55
elektr. Arbeitsaufwand je t Mischgut	[kWh/t]	0,386	0,672	0,258	0,514

Der <u>kontinuierlich</u> arbeitende Mischer auf der Baustelle M besaß zusammen mit dem Füllerelevator und der Füllerschnecke einen gemeinsamen Antriebsmotor. Bei normaler Füllung des Troges (Gesamtinhalt ca. 1500 l) bis zur Oberkante der Mischwellen erreichte der Mischer einen Nutzinhalt von ca. 1150 kg. Das Trockengestein wurde in Portionen von 250 kg in den Trog geworfen; die Aufgabeleistung lag für grobes Mischgut bei

0,595 t/min und für feines Mischgut bei 0,470 t/min (vergl. S. 67). Die Mischzeiten errechnen sich damit zu 1,93 bzw. 2,45 min. In den Watt-Kurven (Abb. 47, 48, 49) zeichnet sich das Aufgeben des Gesteins durch Ansteigen und Abschwellen der Wirkleistung in gleichmäßigen Intervallen

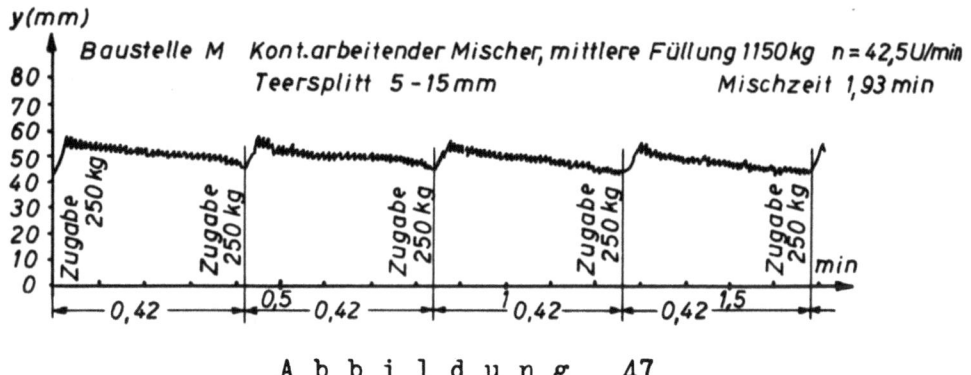

A b b i l d u n g 47

Aufgenommene Leistung eines 29,5-kW-Motors für einen kontinuierlich arbeitenden Mischer, Mischleistung 36,5 t/h, elektrischer Arbeitsaufwand 0,413 kWh/t

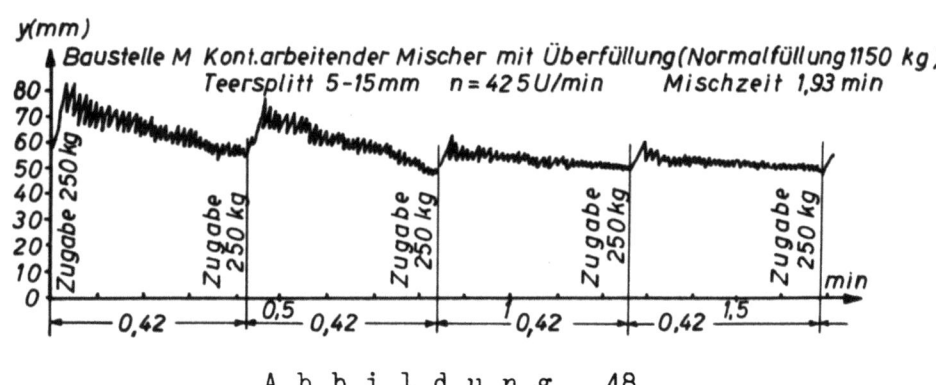

A b b i l d u n g 48

Aufgenommene Leistung eines 29,5-kW-Motors für einen kontinuierlich arbeitenden Mischer mit Überfüllung - Mischleistung 36,5 t/h, elektrischer Arbeitsaufwand 0,589 kWh/t

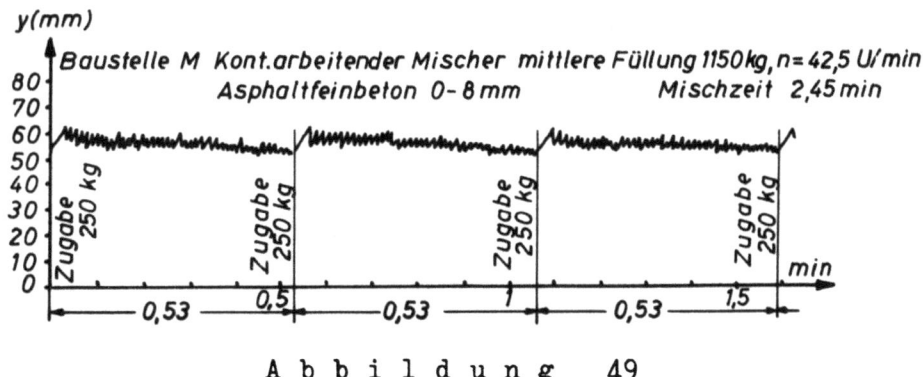

A b b i l d u n g 49

Aufgenommene Leistung eines 29,5-kW-Motors für einen kontinuierlich arbeitenden Mischer, Mischleistung 28,5 t/h, elektr. Arbeitsaufwand 0,627 kWh/t

ab; die Belastung des Motors ändert sich bei richtiger Trommelfüllung nur in sehr engen Grenzen. Ein erhebliches Anwachsen der aufgenommenen Leistung tritt bei Überfüllung des Mischtroges ein. Die Aufnahme in Abbildung 48 begann mit einer Überfüllung von etwa 30 %, die nach Betätigung des Auslaufschiebers wieder auf die Normalfüllung zurückging.

Die beim Mischen von Teersplitt und Asphaltbeton gemessenen Wirkleistungen weisen nur geringe Unterschiede auf. Es ist auch zu berücksichtigen, daß ein Teil der beim feinkörnigen Mischgut aufgenommenen Mehrleistung auf die Füllerförderung zurückzuführen ist. Die Höhe des auf die ausgeworfene Mischgutmenge bezogenen Arbeitsaufwandes wird im wesentlichen durch die längere Mischzeit für Feingut hervorgerufen. Über die Leistungsmessungen bei kontinuierlich arbeitenden Mischern geben folgende Zahlen Auskunft:

Baustelle		M	M	M
Nutzinhalt	[kg]	1150	1150	1150
Füllungsgrad	[%]	100	130	130
Drehzahl	[U/min]	42,5	42,5	42,5
Antriebsmotor	[kW]	29,5	29,5	29,5
Mischgut	[mm]	Teersplitt 5-15	Teersplitt 5-15	Decken 0-8
Mischleistung	[t/h]	36,5	36,5	28,5
Mischzeit	[min]	1,93	1,93	2,45
Wirkleistung: N_W mitt.	[kW]	15,10	21,56	17,75
N_W max.	[kW]	17,50	26,63	19,65
elektr. Arbeitsaufwand je Tonne Mischgut	[kWh/t]	0,413	0,589	0,627

Das Diagramm eines <u>Trockentrommelmotors</u> zeigt beim Anfahren ein gleichmäßiges Ansteigen der Wirkleistung vom Beginn des Beschickens bis zur vollen Belastung. Gegenüber der am auslaufenden Trockengestein beobachteten Füllzeit (Abschn. 9.32) beschränkt sich das Ansteigen der Leistungsaufnahme auf einen etwas kürzeren Zeitraum, da am Schluß der Füllzeit die geringe Zunahme an Feinkorn keine erkennbare Veränderung der Motorbelastung hervorruft. Die volle Wirkleistung wurde bei den 8-m-Trommeln mit 1250 mm Durchmesser bei groben Körnungen nach etwa 6 min und bei Feinkörnungen nach 7 bis 8 min gemessen. Die aufgenommene Leistung des 15-kW-Motors erreichte auf der Baustelle E 9,510 kW (Abb. 50). Bei einem Durchsatz von 36 t/h Feinkörnung 0 bis 12 mm betrug der elektrische Arbeitsaufwand für den Trommelantrieb 0,238 kWh/t Mischgut.

Auf der Baustelle M lag die Wirkleistung des Antriebsmotors bei gleichen Abmessungen der Trommel mit 11,708 kW für die Aufbereitung eines Asphaltfeinbetons 0 bis 8 mm etwas höher. Die bei 11 U/min auf 28,5 t/h eingestellte Mischleistung der Anlage erforderte für die Trommel einen Aufwand von 0,414 kWh/t

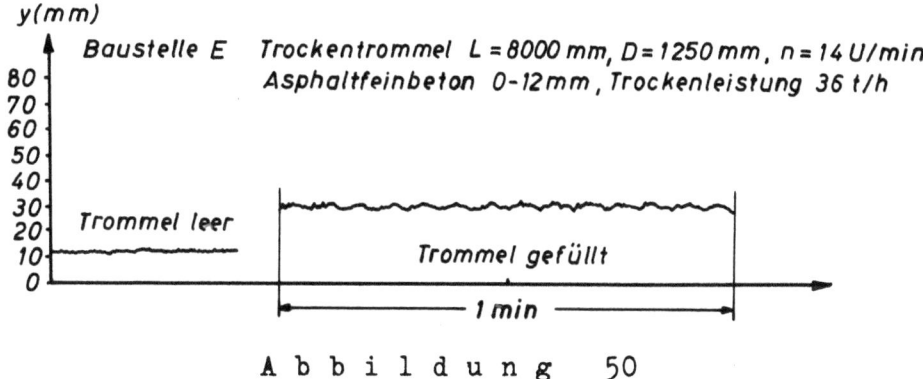

A b b i l d u n g   50

Aufgenommene Leistung eines 15-kW-Motors für eine Trockentrommel. Trokkenleistung 36 t/h, mittlere Wirkleistung 9,510 kW

Die Aufbereiterungsanlage mit elektrischem Einzelantrieb auf der Baustelle E bot die Möglichkeit, für alle Motoren die Leistungsaufnahme zu bestimmen. Die Zusammenstellung der Meßergebnisse in Tabelle 19 gibt die Leistungen für die Last- und Leerfahrten wieder. Eine kurzfristiges Belastungsspitze fällt beim Kippvorgang des Beschickeraufzuges zum Mischer auf, die sich aber mit der Kraftreserve eines Elektromotors überbrücken läßt. Der Arbeitsaufwand ergibt sich aus den anteiligen Zeiten der einzelnen Betriebssphasen zu insgesamt 1,37 kWh/t Mischgut, wenn der Ausstoß des Mischers 40 t/h beträgt. Die in der Hauptzuleitung der Anlage gemessene Leistungsaufnahme erreichte bei vollem Betrieb 67,5 kW als Höchstwert.

11. Die Bindemittelverteilung

11.1 Der Bindemittelanteil

Obgleich die vorliegende Arbeit sich nur mit der Kornverteilung im Mischgut befaßte, lag es nahe, bei den am Mischerausgang entnommenen Proben auch die Bindemittelverteilung festzustellen. Neben den in den Einzelproben gefundenen Bindemittelanteilen interessiert eine Gegenüberstellung mit den nach den Rezepten geforderten Mengen. Überdies kommt der Differenz der Bindemittelmengen Bedeutung zu, die bei der Extraktion der zusammengehörigen Proben aus einer Charge bzw. der aufeinanderfolgenden drei Proben bei kontinuierlich arbeitenden Mischern auftraten.

Die Trennung von Mineral und Bindemittel wurde durch Kaltextraktion in einer Zentrifuge vorgenommen. Bei den Proben der Baustelle C, die einen Teerzusatz im Bindemittel enthielten, mußte der im Teer enthaltene freie Kohlenstoff durch Veraschen bestimmt und der extrahierten Menge hinzugerechnet werden.

Eine Zusammenstellung der auf den Baustellen A bis H gefundenen <u>Bindemittelanteile</u> aus den Asphaltbinder- und Asphaltfeinbetonproben ist in Tabelle 20 wiedergegeben. Die Anteile sind auf das Mineralgewicht bezogen. Aufgeführt sind die Kleinst- und Größtwerte jeder Probenreihe und die errechneten Mittelwerte; die Schwankungen bei den Einzelproben werden durch die mittleren Abweichungen von diesen Mittelanteilen gekennzeichnet. Sie liegen bei den Chargenmischern (Baustelle A bis E)

für Asphaltbinder zwischen ± 0,11 und ± 0,41 i.M. ± 0,26 %
für Asphaltfeinbeton
zwischen ± 0,18 und ± 0,31 i.M. ± 0,20 %

und bei den kontinuierlich arbeitenden Mischern (Baustelle G und H)

für Asphaltbinder bei i.M. ± 0,18 %
für Asphaltfeinbeton bei i.M. ± 0,27 %.

Die mittleren Abweichungen hielten sich in verhältnismäßig engen Grenzen, während Einzelabweichungen von den Mittelwerten -0,76 % (Baustelle C, Binder II) und +0,81 % (Baustelle E, Asphaltfeinbeton) erreichten.

Ob die Abweichungen der Mittelwerte vom Sollanteil des Rezepts, die bis +0,69 und -1,26 % gehen (Baustelle H und B, Asphaltfeinbeton), auf fehlerhaftes Einstellen der Bindemittel-Abmeßvorrichtungen oder auf eine nachträgliche Änderung des benötigten Bindemittelanteiles zurückzuführen ist, soll hier nicht untersucht werden. Oft zeigte sich beim maschinellen Einbau überschüssiges Bindemittel, das ein Reduzieren des ursprünglich vorgesehenen Zusatzes ratsam erscheinen ließ. Auch die Abweichungen der in den Mischungen vorhandenen Fülleranteile von den Sollwerten machten Korrekturen bei der Bindemittelzuteilung erforderlich (Baustelle E, Asphaltfeinbeton). Während des Betriebes wurden jedoch Änderungen an den zu Beginn der Arbeitsschicht eingestellten Zugabemengen nicht vorgenommen.

Bei einem Vergleich der Bindemittelanteile der drei Proben einer Charge bzw. der drei zusammengehörigen Proben einer Entnahmeserie ergab sich zwischen den gefundenen Extremwerten eine größte Differenz von 0,9 %. Die Gleichmäßigkeit der Verteilung des Bindemittels in einer Mischung wird durch folgende Größt- und Mittelwerte gekennzeichnet:

	Asphaltbinder		Asphaltfeinbeton	
	Abweichung des Bindemittelanteils bei drei zusammengehörigen Proben			
	max.	i.M.	max.	i.M.
Chargenmischer	0,7 %	0,21 %	0,9 %	0,26 %
kont. arb. Mischer	0,9 %	0,26 %	0,8 %	0,23 %

Die Aufstellung weist für beide Mischerbauarten bei den auf den Baustellen angetroffenen Mischzeiten Abweichungen in etwa gleicher Größenordnung auf.

11.2 Der Umhüllungsgrad

Zur Bestimmung des erreichten Umhüllungsgrades wurde die Safranin-Methode angewendet (vergl. S. 37). Bei diesem Verfahren wird der von Bindemittel umhüllte Teil der Gesteinsoberfläche einer Mischgutprobe für die Kennzeichnung des Umhüllungsgrades in Prozenten der gesamten Mineraloberfläche ausgedrückt. Sowohl die freie Oberfläche der Probe als auch die Größe der Gesamtoberfläche werden aus der Abnahme der Konzentration einer Safraninlösung ermittelt, die auf eine Mischgutprobe bzw. auf ein Gesteinsgemisch mit gleicher Kornverteilung von gleichen Gesteinsarten eine bestimmte Zeit eingewirkt hat. Der Umweg der Errechnung der Oberfläche kann durch den Vergleich gleich großer Probenmengen erspart werden, wenn die dem Safranin angebotene Oberfläche des Gesteinsgemisches gleich 100 gesetzt wird.

Zur Bestimmung der Lösungskonzentrationen diente an Stelle der von GERLACH benutzten Farbskala [11] und des von HARTLEB angewendeten Brückenkolorimeters [15] ein Leitz-Kompensations-Photometer, mit dem der Extinktionsmodul direkt gemessen wird. Der Einfluß einer etwa vorhandenen Eigenfärbung des Lösungsmittels läßt sich durch die Kompensations-Vorrichtung des Gerätes ausschalten. Den Strahlengang durch das Photometer gibt Abbildung 51 wieder. Von der Lichtquelle gehen zwei parallel gerichtete Strahlen durch zwei Küvetten, die das Lösungsmittel und die zu untersuchende Lösung enthalten. Durch Verstellen eines Polarisationsprismenpaares kann erreicht werden, daß im Okular des Photometers beide Gesichtsfeldhälften gleiche Helligkeit annehmen. Der am Meßkreis in dieser Stellung abgelesene Drehwinkel ist ein eindeutiges Maß für die Extinktion der untersuchten Lösung; als Extinktionsmodul wird der Extinktionswert für die Schichtdicke von 1 cm der untersuchten Lösung bezeichnet:

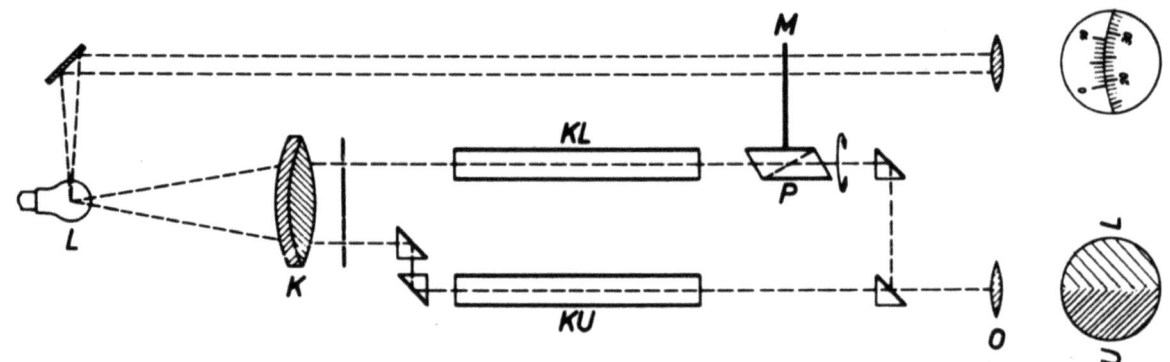

Abbildung 51

Strahlengang durch ein Kompensationsphotometer

L Lichtquelle
K Kolimatorlinse
KU Küvette mit der zu untersuchenden Safraninlösung
KL Küvette mit Lösungsmittel (dest. Wasser)
P Polarisationsprismenpaar
M Meßkreis
O Photometerokular

Das Photometer zeigt unabhängig von der Farbtüchtigkeit des Beobachters ablesbare Kennwerte der Konzentration an; sein Beobachtungsbereich kann durch Wahl verschiedener Küvettenlängen und durch Einsetzen zusätzlicher Filter ausgedehnt werden.

Für die Untersuchungen wurde Tolusafranin (Hersteller Dr. Th. Schuchardt, München) in destilliertem Wasser gelöst; die Ausgangskonzentration betrug 0,04 °/oo. Voraussetzung für die Versuche war, das die bei den Mischungen verwendeten Bindemittel kein Safranin adsorbierten. Ferner mußten für das Einwirken der Lösung auf die Proben gleiche Schwenkzeiten eingehalten werden. Die Größe der Proben richtete sich nach der Forderung, in einem Bereich ausreichend hoher und möglichst gleicher Endkonzentration zu arbeiten. Die Untersuchung der Abhängigkeit des Extinktionsmoduls von der Lösungskonzentration zeigte, daß die Safraninlösung dem Proportionalitätsgesetz folgt; die Eichkurve wird durch eine Gerade dargestellt (Abb. 52).

Die Mischgutproben wiesen die in Tabelle 20 zusammengestellten Umhüllungsgrade auf. Sie lagen

für Asphaltbinder zwischen 79,6 und 96,3 %

und für Asphaltfeinbeton zwischen 83,8 und 94,1 %.

Als Mittelwerte der Baustellen ergaben sich folgende Umhüllungen:

Asphaltbinder 84,1 bis 94,3 %, Ges. Mittel 89,1 %

Asphaltfeinbeton 84,3 bis 92,9 %, Ges. Mittel 88,8 %.

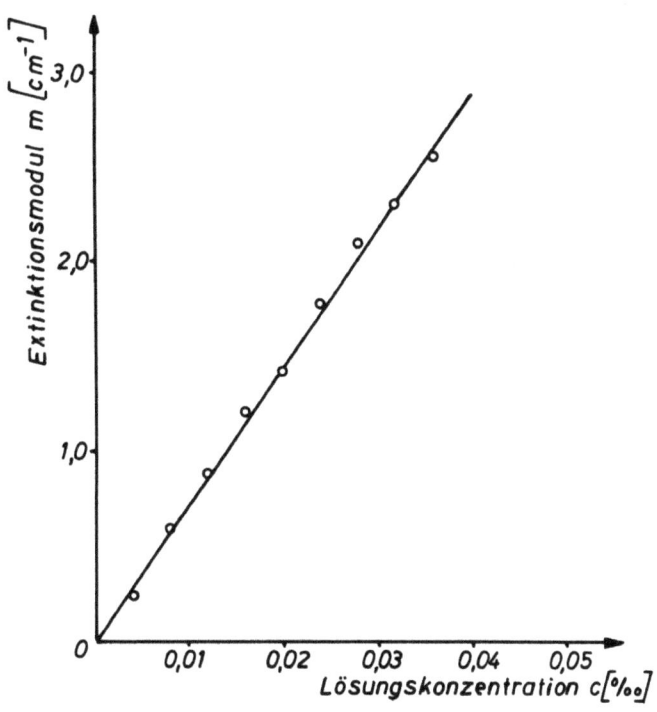

Abbildung 52

Abhängigkeit des Extinktionsmoduls von der Lösungskonzentration
(Eichkurve)

Bei den von HARTLEB durchgeführten Baustellenversuchen mit Chargenmischern ließ sich in einer Minute Mischzeit ebenfalls keine vollständige Umhüllung der Mineralien erreichen. Nur in günstigen Fällen wurde Asphaltfeinbeton in 1,5 min Mischzeit vollständig umhüllt [15]. Bei Teermischmakadam waren 3 bis 5 min erforderlich, und für Teerfeinmineralmassen mußten sogar 6 bis 8 min aufgewendet werden. Der von GERLACH gefundene Umhüllungsgrad von etwa 99 % nach einer Minute Mischzeit wurde in einem 10-kg-Labormischer gefunden; es kann nicht erwartet werden, daß dich die Ergebnisse direkt auf die Mischergrößen der Baustelle übertragen lassen.

Bei einer Beurteilung der gemessenen Umhüllungen sind aber auch die
Schwächen der Safraninmethode zu berücksichtigen, die besonders in den
unterschiedlichen Adsorptionswerten verschiedener Gesteine (für die
Korngruppe 0,2 bis 0,6 mm z.B. Basalt 0,45 mg Safranin/g Gestein und
Quarzsand 0,26 mg/g), in der Verschiedenartigkeit ihrer Oberflächenbeschaffenheit und in den Abweichungen bei der Kornverteilung begründet
sind. Erhöhte Schwierigkeiten bieten die Gemische mit hohem Fülleranteil.

Die Werte für die Bindemittelanteile und die erreichten Umhüllungen bewegten sich bei allen Mischersystemen in gleichen Bereichen; bei den auf
den Baustellen angetroffenen Betriebsbedingungen und bei den angewendeten Mischzeiten konnten mit der Safranin-Methode erkennbare Unterschiede
in dem erreichten Mischeffekt bei den untersuchten Mischerbauarten nicht
festgestellt werden. Klarheit über die Leistungsfähigkeit der Mischer
ist nur durch den Vergleich systematischer Versuchsreihen zu erwarten,
bei denen verschiedene Mischungen von festgelegtem Kornaufbau mit wechselnden Bindemittelzusätzen und Mischtemperaturen nach unterschiedlichen Mischzeiten untersucht werden. Daneben übt auch der Anteil und der
Zeitpunkt der Zugabe des meist kalt mit einem geringen Wassergehalt angelieferten Füllers einen entscheidenden Einfluß aus.

12. Zusammenfassung (Ergebnisse und Folgerungen)

Den größten Einfluß auf die Gleichmäßigkeit der Kornverteilung hat das
<u>Zuteilen.</u> Das Einstellen der Auswurföffnungen und der Hubgeschwindigkeiten der Stoßspeiser ist ohne genaues Berücksichtigen aller Gesteinseigenschaften unzureichend; richtig aufeinander abgestimmte Auswurfmengen setzen für jedes verwendete Gestein und für jede Körnung das
Aufstellen von Eichkurven voraus, die durch Versuche mit der vorgesehenen Arbeitsgeschwindigkeit ermittelt werden müssen. Es ist bekannt,
daß beim Zuteilen von Sanden ein annähernd gleichbleibender Wasseranteil
anzustreben ist; der Wechsel zwischen naß und trocken hat besonders
große Schwankungen der Hubgewichte zur Folge, die auch bei sehr trockenen Feinsanden auftreten. Aufgabe der Aufsicht ist es, Veränderungen
zu beobachten und bei der Einstellung zu berücksichtigen.

Beim <u>Bezug der Körnungen</u> ist das Einhalten der Sollgruppen durch laufende Siebproben zu überwachen; das Anpassen der Betriebssiebe der Lieferwerke an den Prüfsiebsatz durch die Wahl etwas größerer Maschenweiten ist zur Verringerung der Anteile an abweichenden Korngrößen empfehlenswert. Durch diese Maßnahme kann der Anteil an Unterkorn verringert werden, der als Mittel aller Baustellen bei den Splittkörnungen 11,4 bis 18,2 % betrug. Auf einigen Baustellen ging der Gehalt an Unterkorn weit über das im Merkblatt vorgesehene zulässige Maß von 20 % hinaus; er erreichte in einem Falle den extremen Wert von 45 %. Überkorn trat dagegen nicht in nennenswertem Umfange auf. Den Streubereich der Kornverteilung bei den Einzelproben kennzeichnet die Breite der Sieblinienbänder, deren Größtwert nur bei einigen Körnungen über 10 % hinausgeht.

Die Untersuchungen an den Trockentrommeln zeigten, daß das Grobkorn schneller durch die Trommel wandert als feine Körnungen; nach dem Erreichen des sich aus der Drehzahl und der Neigung ergebenden Füllungsgrades bleibt die Kornverteilung am Trommelausgang jedoch konstant, wenn keine Veränderungen beim Zuteilen eintreten. Nach der Beendigung der Anlaufzeit traten als Mittelwerte der Veränderung der Sieblinie des Trockengesteins beim Asphaltbinder eine mittlere Bandbreite von 5,39 % und eine mittlere Abweichung von der Mittellinie des Bandes von ± 1,63 % auf; bei der Aufbereitung von Asphaltfeinbeton lag die mittlere Bandbreite bei 5,85 % und die Mittelabweichung bei ± 1,88 %. Auch die von den Baubehörden vielfach über den in den TV bit abgesteckten Sieblinienbereich hinausgehenden Forderungen an die Genauigkeit der Kornverteilung können nach diesen Ergebnissen ohne Anwendung einer Nachsiebung erreicht werden.

Verfolgt man die Streuungen in der Kornverteilung während der Aufbereitung auf dem Wege des Gesteins vom Zuteilen bis zum Verlassen des Mischers, so ist nach dem Durchgang durch die Trommel und später nach der Bearbeitung im Mischer eine zunehmende Verbesserung in der Gleichmäßigkeit des Verlaufes der Sieblinien zu erkennen. Sowohl in der Trommel als auch im Mischer werden etwa beim Zuteilen auftretende Einzelabweichungen ausgeglichen.

Als Nachteile der Siebeinrichtung bei den Aufbereitungsanlagen sind neben den wirtschaftlichen Gesichtspunkten der höheren Kosten für Anschaffung, Montage, Unterhaltung und Betrieb die größere Bauhöhe oder - falls die Einzelgeräte der Anlage nebeneinander angeordnet werden - der zusätzliche Betrieb eines Schrägaufzuges anzusehen. Bei getrennter Lagerung der erhitzten Gesteinskörnungen nach dem Absieben kann überdies vor dem Mischen kein Temperaturausgleich zwischen den heißeren Feinkörnungen und dem Grobkorn stattfinden. Diesen Nachteilen stehen als Vorteile die klare Trennung in Einzelkorngruppen beim Wägen gegenüber, durch die sich feste Punkte im Verlauf der Soll-Sieblinie mit Sicherheit erreichen lassen; vorübergehende Störungen in der Zuteilung und die Anlaufzeiten der Trockentrommel können ohne Beeinflussung der Güte des Mischgutes überbrückt werden. Die Umstellung der Anlage auf eine andere Kornzusammensetzung ist ohne Unterbrechung des Betriebes möglich.

Die Ausführungen verdeutlichen, daß bei Anlagen mit häufigem Wechsel in der Art des herzustellenden Mischgutes, wie er oft bei stationären Anlagen mit städtischem Versorgungsgebiet anzutreffen ist, die Zwischensiebung zu einer betriebstechnischen Frage wird: Umstellzeit ist Verlustzeit.

Wird nach diesen Überlegungen eine Zwischensiebung für notwendig befunden, so muß bei der Auswahl der Maschenweite der Siebböden berücksichtigt werden, daß die Kornscheiden an den Stellen mit den größten auftretenden Schwankungen liegen sollen. Beim Aufbereiten von Asphaltfeinbeton ist aus diesem Grunde dann eine Trennung bei der Maschenweite 1 mm anzustreben, wenn es auch technisch erhebliche Schwierigkeiten bereitet, die großen Siebflächen bei den Anlagen unterzubringen, die für hohe Leistungen bei kleinen Körnungen erforderlich werden. Nach den Erfahrungen ist beim Absieben der Korngruppe 0 bis 1 mm mit einer Leistung von höchstens 0,8 bis 1,0 t/m^2/h zu rechnen. Mit einer Unterteilung in zwei Korngruppen 0 bis 3 mm und > 3 mm ist eine Verbesserung der Abweichungen nur bei grobem Mischgut zu erreichen. Durch einen Siebboden kann nur der Anteil an Feinkorn in einem Punkt der Sieblinie fixiert werden; zu einer genauen Anpassung an die Soll-Linie und zur Verhinderung von Streuungen im Sieblinienband sind aber drei bis vier Korngruppen erforderlich, wenn der Aufwand einer Siebanlage gerechtfertigt sein soll.

Einen gleichmäßigen Ablauf der Arbeitsphasen mit im voraus festgelegten Zeiten sichert der automatische Betrieb, der zugleich verhindert, daß am Meschereingang fehlendes Feinkorn mit einer Erhöhung des Grobkornanteils durch den Maschinisten eigenmächtig ausgeglichen werden kann.

Die Fehlmengen bei den Fülleranteilen weisen darauf hin, daß der Grad der Entstaubung durch Kontrollen laufend überwacht werden muß, um das benötigte Zusatz-Feinstkorn im richtigen Verhältnis den Mischungen beifügen zu können. Auf diese Notwendigkeit der Probenahme hinter der Trommel sollte beim Bau der Anlagen bereits Rücksicht genommen werden. Sie ist ebenso wichtig wie die laufende Überwachung der Temperaturen des getrockneten Gesteins, des Bindemittels und des Mischgutes.

Literaturverzeichnis

[1] ANOCHIN, A.J. — Straßenbaumaschinen
Berlin 1952, Verlag Technik,
S. 433 ff.

[2] BARNES, H.G. — Mixing bitumious road materials
Road and Roadconstruction $\underline{33}$
(1956) H.1, S. 14 bis 16

[3] CZANYI, L.H. — Probleme und Forschungsarbeiten
im bituminösen Straßenbau in USA
Köln 1953, Forschungsges. für d.
Straßenwesen

[4] ECK, B. — Technische Strömungslehre,
5. Auflage, Berlin 1957,
Springer-Verlag

[5] FELDMANN, F. — Kritische Betrachtungen über den
Kornaufbau der hohlraumarmen
bituminösen Fahrbahndecken
Bitumen $\underline{18}$ (1956) H. 9, S. 190
bis 197

[6] FRIEDMAN, S.J. und W.R. MARSHALL — Studies in rotary drying
Chem.Eng.Progr. $\underline{45}$ (1949)
S. 482 bis 493 und 573 bis 588

[7] GARBOTZ, G. — Die maschinellen Hilfsmittel des
Straßenbaues - VDI-Z. $\underline{72}$ (1928)
H. 19, S. 621 bis 630

[8] GARBOTZ, G. und O. GRAF — Leistungsversuche an Mischmaschinen
Berlin 1929, Mitt.d.Inst.f.Baumaschinen H. 1

[9] GARBOTZ, G. — Versuche mit Freischwingersieben zur Aufstellung von Kennlinien bei der Absiebung von Ziegelsplitt
Aachen 1953, Mitt.d.Inst.f.Baumaschinen, H. 13

[10] GARBOTZ, G. — Baumaschinen und Baubetrieb
2. Aufl. Bd. II, München 1958
Carl Hanser-Verlag

[11] GERLACH, E. — Untersuchungen über den Mischvorgang bituminöser Straßenbaustoffe
Berlin 1936, Mitt.d.Inst.f.Baumaschinen H. 9

[12] GLATZEL, H. — Untersuchungen über die Aufstellung von Leistungskennlinien an neuzeitlichen, schnellaufenden Schwingsieben für die Fein- und Feinstklassierung verschiedener Massengüter
Würzburg 1937, Verlag Triltsch

[13] GUMZ, W. — Über die Fallgeschwindigkeit von Kugeln unter besonderer Berücksichtigung des für die Staubtechnik wichtigen Bereiches
Feuerungstechnik $\underline{26}$ (1938) H. 8, S. 253 bis 255

[14] GUMZ, W. — Die Vergasung in der Schwebe
Feuerungstechnik $\underline{26}$ (1938) H. 12, S. 361 bis 370

[15] HARTLEB, W. — Mischvorgänge bei der Herstellung von Teerfeinmineralmassen und von Asphaltbeton
Asphalt und Teer $\underline{40}$ (1940) H. 35, S. 359 bis 393

[16] HILLE, B. — Die Prüfung der Betonmischer (Lit.-Bericht)
Straße und Autobahn $\underline{5}$ (1954) H.9, S. 314 bis 319

[17] HILLE, B. — Die Mechanisierung beim Bau bituminöser Decken
Der Bau $\underline{9}$ (1956) H. 17 S. 515 bis 520

[18] HILLE, B. — Baumaschinen in England
Baumaschinen und Bautechnik <u>4</u>
(1957) H. 3, S. 95 bis 100

[19] HUMMEL, A. — Das Beton-ABC,
11. Aufl. Berlin 1951, Verlag
Ernst u. Sohn, S. 110 ff.

[20] KOHLMANN, E. — Untersuchung der Beziehungen
zwischen Sieböffnungen und Kornanfall
Schriftenreihe "Der Naturstein
im Straßenbau" H. 8, Bonn 1957
Stein-Verlag

[21] van KREVELEN, D.W. und P.J. HOFTIJZER — Drying of granulated materials
J.Soc.Chem.Ind. <u>68</u> (1949)
S. 59 bis 66 und S. 91 bis 97

[22] KRÖLL, K. — Die Vorgänge in Trocknungs- und
Erwärmungs-Trommeln für rieselfähige Güter
Berlin 1950, Springer-Verlag

[23] LASSOW, K.F. und Th. LINDEMANN — Die Leistungen beim Schwarzdeckenbau auf den Reichsautobahnen und Reichsstraßen
Berlin, Diss. 1940

[24] RENFERT, B. — Die Korngruppen im Landstraßenbau
Jahrb.d.Techn.Hochschule Aachen
1952/53 S. 100 bis 104
Essen 1953, Verlag W. Giradet

[25] SHERGOLD, F.A. — Results of tests on single-sized
roadmaking aggregates
The Quarry Managers-Journal
1955 H. 4

[26] STILLER, G. — Erwärmungs- und Trocknungsvorgänge in Gesteinstrockentrommeln beim Gegen- und Gleichstromverfahren, Berlin 1955, Mitt.
d.Inst.f.Baumaschinen H. 8

[27] STÖCKE, K.　　Der Einfluß der Hitze auf die Festigkeit von Steinschlag mit besonderer Berücksichtigung von Asphalt- und Teerdecken
Asphalt und Teer Straßenbautechnik 32 (1932) H. 1, S. 6 bis 10

[28] TEMME, Th.　　Einige Bemerkungen zur Probenahme von bituminösen Straßenbaugemischen
Bitumen, Teere, Asphalte, Peche 7 (1956) H. 6, S. 215 bis 217

[29] TEMME, Th.　　Teer und Asphaltmakadam
Heidelberg 1957, Straßenbau, Chemie und Technik Verlagsgesellschaft

[30] TEMME, Th.　　Das Ergebnis einer Ringanalyse von bituminösem Straßenbaumischgut
Straße und Autobahn 8 (1957) H. 4, S. 124 bis 127

[31] WATERS, D.B.　　A survey of some mixing plants for asphalt and coated macadam
London 1953, Road Research Paper No. 27

[32] ZICHNER, G.　　Zur Frage der Untersuchung und Beurteilung von bituminösen Straßenbaugemischen
Straße und Autobahn 8 (1957) H. 8, S. 271 bis 277

[33]　　Technische Vorschriften und Richtlinien für den Bau bituminöser Fahrbahndecken (TV bit) Teil 2 und 3 Köln 1956, Forschungsges. f.d. Straßenwesen

[34] Specifications and construction methods for hot-mix asphalt paving for streets and highways (Mai 1957) Maryland 1957, The Asphalt Institute

[35] Rolled asphalt (asphaltic bitumen and fluxed lake asphalt), B.S. 594- 1950
London 1950, British Standards Institution

Anhang

T a b e

Untersuc

Zusammenstellung der auf den Baust

Bauart der Anlage	Bezeichnung der Baustelle	Aufbau einteilig = e mehrteilig = m	Nenn-leistung der Anlage [t/h]	Trommel Durch-messer D [mm]	Trommel Länge L [mm]	Trommel Dreh-zahl [U/min]	verwendete Siebe Form der Sieböffnungen	verwendete Siebe Masch.-weite [mm]	Mischer Nutz-in-halt [kg]	Mischer Dreh-zahl [U/min]	Aufbereitetes Mischgut
Chargenmischer mit Sieb	A	m	50 -60	1200	8000	9	Quadratloch-Maschengewebe	3,20	1000	35	splittarmer Asphaltfeinbet.
Chargenmischer mit Sieb	B	m	25 - 30	1200	8000	8	Quadratloch-Maschengewebe	3,20	500	46	Asphaltbinder
										80	splittarmer Asphaltfeinbet.
Chargenmischer mit Sieb	C	m	25 - 30	1200	6000	8	Spaltgewebe	3,25	500	40	Teerasphalt-binder I
											Teerasphalt-binder II
										40	splittarmer Asphaltfeinbet.
Chargenmischer mit Sieb	E	m	40- 50	1250	8000	14	Quadratloch-Maschengewebe	3,12,25	1000	60	Asphaltbinder
										60	splittreicher Asphaltfeinbet.
Chargenmischer ohne Sieb	D	e	20 - 25	960	5000	15	-	-	500	38	Asphaltbinder
Kontinuierlich arbeitender Mischer ohne Sieb	F	e	12 - 25	850	4300	13	-	-	750	33	Asphaltbinder
Kontinuierlich arbeitender Mischer ohne Sieb	G	e	12 - 15	850	4300	12	-	-	750	30	Asphaltbinder
											splittreicher Asphaltfeinbet.
Kontinuierlich arbeitender Mischer ohne Sieb	H	e	20 - 25	1100	6000	11	-	-	900	40	Asphaltbinder
											splittreicher Asphaltfeinbet.
											Einstreudecke

Tabelle 1

Anlagen
... aller untersuchten Aufbereitungsanlagen

...ungs-...	Dosierapparat Zahl der aufgegebenen Korngruppen	Füllerzugabe %	Bindemittel Bezeichnung	Zugabe [%]	Betriebsstunden	Dauer eines Mischspiels [min]	Mischtemperatur [°C]	Zahl der entnommenen Proben Trommeleingang	Trommelausgang	Gesteinswaage	Mischerauslauf	Sieblinien Tab. Nr.	Vergleichsdiagramm Tab. Nr.	Bild
5	3	5,5	B 200	7,2	5	1,60	140/160	4	4	4	4	11	16	a
12	4	5,0	B 200	5,0	4,5	1,30	140/150	6	5	5	5	6	15	a
8	4	8,0	B 200	7,8	5	1,55	140/160	8	6	5	5	11	16	b
25	3	-	B 80 mit 15% T 140/240	4,7	7	1,36	120/140	7	7	6	6	7	15	b
25	4	4,0	B 80 mit 15% T 140/240	5,3	7	1,36	120/140	7	6	6	7	7	15	c
8	4	12,0	B 80	0,8	7	1,50	150/170	9	7	6	7	12	16	c
	4	-	B 200	5,0	5	1,40	140/160	6	8	5	5	8	15	d
25	4	-	B 200	5,0	5,5	1,40	140/160	6	8	5	5	8	15	e
	4	-	B 200	5,0	10,5	1,40	140/160	12	16	10	10	-	15	m
	5	10,0	B 200	7,3	5	1,50	140/160	6	6	6	6	13	16	d
12	5	10,0	B 200	7,3	7	1,50	140/160	8	8	6	7	13	16	e
	5	10,0	B 200	7,3	12	1,50	140/160	14	14	12	13	-	16	i
	5	10,0	B 200	7,3	0,5	1,50	140/160	-	6	-	-	18	18	2
25	4	-	B 80	5,0	5	1,40	150/170	5	5	-	5	6	15	f
12	3	-	Verschnittbitumen	5,0	4	0,42 je 60 kg	70/85	5	5	-	4	-	15	g
	3	-	Verschnittbitumen	5,0	5	0,42 je 60 kg	70/85	6	6	-	5	9	15	h
25	4	-	B 80	5,0	5	0,36 je 60 kg	140/160	5	5	-	5	9	15	i
	4	6,0	B 80	6,8	5	0,42 je 60 kg	160/170	5	6	-	5	14	16	f
8	4	6,0	B 80	6,8	5	0,42 je 60 kg	160/170	6	6	-	5	14	16	g
	4	6,0	B 80	6,8	10		160/170	11	12	-	10	-	16	k
	3	-	B 120	4,5	5	0,37 je 100 kg	140/160	6	7	-	9	10	15	k
12	3	-	B 120	4,5	6	0,37 je 100 kg	140/160	6	5	-	10	10	15	l
	3	-	B 120	4,5	11	0,37 je 100 kg	140/160	12	12	-	19	-	15	n
8	4	5,0	B 120	7,0	5	0,42 je 100 kg	150/160	6	7	-	7	12	16	h
12	3	5,0	B 200	3,5	6,5	0,31 je 100 kg	135/150	10	11	-	8	17	15	o

Tabelle 2

Größe der Probemengen nach in- und ausländischen Normen

maximale Korngröße mm	"	Probemenge aus den angelieferten Körnungen DIN 1966 (Merkblatt 1955)	British Standard BS 812-1951	A.S.T.M. D 75-48	Probemenge aus dem Mischgut DIN 1966 (Merkblatt 1955)	British Standard 598-1950	A.S.T.M. D 979-51	Probemenge für die Siebanalyse zur Ermittlung der Kornverteilung DIN 1966	British Standard 585-1950	A.S.T.M. C 136-46	Einwaage für die Bestimmung des Bindemittelanteiles DIN 1996	British Standard 598-1950	A.S.T.M. D 1097-54 T
0,2		2,000									Sandasphalt		
2			0,113	0,100				0,100	0,113	0,100	0,750		
3					3,000								
4,76	3/16		0,227	0,500			1,814		0,227	0,500		200	
6,35	1/4	5,000	0,454		5,000				0,454			500	
8				1,000	8,000		3,629			1,000			
9,52	3/8		1,020			6,350			1,020		Asphaltfeinbeton 1,000		
12				2,500			5,443	0,500					
12,7	1/2		2,495						2,495	2,500			<1,000
15		15,000		5,000			7,258						
18								1,000					
19,1	3/4		4,990						4,990	5,000	Asphaltgrobbeton 1,500	1000	
25		15,000		10,000			9,072						
25,4	1		9,979						9,979	10,000			1,000
38,1	1 1/2	30,000	24,948	15,000	15,000	12,701	11,340	5,000	24,948	15,000	2,000	2000	>1,000

Tabelle 3

Überkorn, Unterkorn und Streubereich der Sieblinien
des angelieferten Gesteins

Bau-stelle	Bezeich-nung	Körnung ⌀ mm	Anteile Unter-korn %	Soll-korn %	Über-korn %	Streubereiche [Breite des Sieblinienbandes in %]										
						0,09	0,2	0,6	1	2	3	5	8	12	18	25
O	Natursand	0/3	-	93,5	6,4	2,0	8,5	5,2	4,4	0,3	-	-	-	-	-	-
C		0/3	-	97,9	2,1	0,5	14,2	9,0	12,2	6,3	1,0	-	-	-	-	-
D		0/3	-	100	-	1,8	9,5	4,5	3,0	-	-	-	-	-	-	-
E		0/3	-	100	-	0,9	1,9	6,1	3,7	1,2	-	-	-	-	-	-
G		0/3	-	99,5	0,5	2,0	10,0	4,0	3,0	-	-	-	-	-	-	-
C	Brechsand	0/5	-	100	-	8,5	8,8	8,5	7,2	3,7	2,6	-	-	-	-	-
F		0/7	-	96,8	3,2	-	5,4	7,4	10,5	11,6	10,5	7,1	4,1	-	-	-
O	Splitt	3/8	16,0	79,7	4,3	-	-	-	1,8	2,4	5,2	7,1	2,9	-	-	-
C		3/8	10,5	89,5	-	-	-	2,6	2,8	3,3	3,5	2,6	-	-	-	-
F		3/8	17,5	79,7	2,8	-	-	-	1,0	2,5	4,9	7,2	3,2	-	-	-
H		3/8	23,8	74,7	1,5	-	0,4	1,2	2,3	6,3	14,9	12,6	6,0	-	-	-
C		5/12	15,2	84,0	0,8	-	-	-	-	2,2	3,0	10,1	6,0	3,8	-	-
E		5/12	12,4	85,8	1,8	-	-	-	0,8	1,0	2,5	7,3	17,9	3,8	-	-
O		8/12	22,8	74,2	3,0	-	-	-	-	-	1,5	7,6	8,4	3,1	-	-
F		8/12	45,0	50,6	4,4	-	-	-	-	1,5	2,6	17,6	24,5	8,0	-	-
D		8/15	9,8	89,2	1,0	-	-	0,3	0,6	0,6	1,0	1,2	2,2	9,6	1,4	-
G		8/15	9,5	89,0	1,5	-	-	0,5	0,5	0,6	1,0	0,8	1,7	7,5	0,6	-
D		15/25	24,3	75,2	0,5	-	-	-	-	-	1,0	1,8	2,6	4,3	6,5	0,5
G		15/25	29,0	70,7	0,3	-	-	-	0,8	1,3	2,0	2,2	2,9	4,7	0,3	
E	Brechsand (doppelt gebrochen)	0/06	-	93,8	6,2	15,9	25,3	3,5	2,6	-	-	-	-	-	-	-
A		0/2	-	96,8	3,2	3,5	8,6	9,5	9,0	1,2	0,5	-	-	-	-	-
B		0/2	-	97,2	2,8	2,8	7,8	8,1	6,4	2,4	0,6	-	-	-	-	-
C		0/2	-	95,7	4,3	13,8	11,2	6,2	3,4	1,9	0,8	-	-	-	-	-
H		0/2	-	94,2	5,8	2,9	4,2	3,7	2,8	1,6	0,8	-	-	-	-	-
A		0/3 x)	-	97,2	2,8	2,2	8,0	8,5	5,5	2,0	0,5	-	-	-	-	-
B		0/3	-	97,0	3,0	2,8	7,5	9,5	8,6	3,5	2,1	-	-	-	-	-
D		0/3	-	96,5	3,5	3,7	5,0	6,5	8,0	10,0	6,1	-	--	-	-	-
E		0/3	-	98,2	1,8	9,7	8,7	11,0	10,1	12,3	4,2	-	-	-	-	-
G		0/3	-	96,0	4,0	3,6	3,8	5,8	6,3	5,2	3,7	-	-	-	-	-
H		0/3	-	96,8	3,2	1,2	9,7	12,9	12,9	12,3	2,7	-	-	-	-	-
A	Splitt (doppelt gebrochen)	3/5 x)	6,8	89,7	3,5	-	-	-	1,0	4,0	6,0	2,6	-	-	-	-
B		3/5	21,5	76,4	2,1	-	1,2	1,5	2,0	4,1	5,8	0,8	-	-	-	-
C		3/5	5,0	95,0	-	-	-	1,4	1,5	1,8	3,5	-	-	-	-	-
E		3/5	7,2	91,0	1,8	-	1,4	3,5	4,2	4,9	8,2	2,8	-	-	-	-
G		3/5	22,5	74,3	3,2	-	-	0,5	4,0	11,2	7,3	5,5	-	-	-	-
H		3/5	12,0	86,0	2,0	-	0,4	1,2	2,3	6,3	4,9	2,1	-	-	-	-
B		5/8	4,0	94,6	1,4	-	-	-	-	1,0	1,0	1,5	0,8	-	-	-
C		5/8	10,5	89,0	0,5	-	-	-	0,8	1,4	2,6	4,8	0,5	-	-	-
E		5/8	13,2	85,7	1,1	-	-	-	0,4	1,3	4,1	4,9	0,8	-	-	-
G		5/8	10,8	87,4	1,8	-	-	0,6	1,0	1,2	3,4	5,1	2,0	-	-	-
H		5/8	18,5	78,7	2,8	-	-	-	1,0	3,5	6,5	2,5	1,0	-	-	-
B		8/12	21,0	77,2	1,8	-	-	-	-	-	1,5	2,6	16,2	1,0	-	-
E		8/12	16,2	82,7	1,1	-	-	-	-	0,6	0,8	5,6	9,8	2,8	-	-
H		8/12	12,2	86,8	1,0	-	-	-	-	-	1,0	3,5	8,5	2,0	-	-
C		12/18	18,2	81,6	0,2	-	-	-	-	-	-	3,1	5,4	5,9	-	-
C		18/25	32,2	67,8	-	-	-	-	-	-	-	-	1,6	5,3	10,7	-
O		12/25	14,9	85,1	-	-	-	-	-	-	1,0	1,6	1,9	3,2	5,2	-
E		12/25	17,2	82,8	-	-	-	-	0,8	1,1	1,5	3,6	6,6	0,5	-	-

x) Die Körnungen 0/3 und 3/5 entsprechen nicht dem Merkblatt

Tabelle 4

Aufgabegenauigkeit durch Stoßaufgeber auf der Baustelle

(in Gewichts-%, bezogen auf das Trockengewicht)

Ge-stein	Körnung	Bau-stelle	Be-triebs-stunden	Wassergehalt %	Abweichung vom mittleren Hubgewicht i.M. %	max %	Be-triebs-stunden	Wasser-gehalt %	Abweichung vom mittleren Hubgewicht i.M. %	max %
Brech-sand	0/0,6	E	4	4,3	± 8,5	+ 24,3				
			4	4,1	± 4,1	- 7,2				
			5	4,3	± 10,2	- 22,1				
			Mittelwert der Abweichung		± 7,6	17,5				
Brech-sand	0/3	E	4	3,2/3,9	± 3,2	+ 9,0	10,5	3,2/4,3	± 8,4	+ 33,6
			4	3,2/3,4	± 8,4	+ 13,3	12	3,0/3,4	±14,3	+ 32,1
		D	4	6,6	± 6,8	- 14,7				
		H	5	8,3/9,3	± 5,4	+ 13,5	11	7,3/9,3	± 6,1	+ 18,8
			5	2,8/6,4	± 8,0	- 15,8				
			4	1,7/3,9	± 2,3	+ 3,9				
		G	5	2,6/5,7	± 7,2	- 12,8	10	2,6/5,7	±15,1	- 31,8
			5	3,1/3,9	± 14,8	- 28,2				
			4	2,8	± 2,1	+ 4,5				
			Mittelwert der Abweichung		± 6,7	12,9			±11,0	24,4
Natur-sand	0/3	E	4	4,0	± 4,0	- 6,0				
			4	3,0/3,9	± 6,4	+ 12,8				
			6	3,0/3,8	± 9,2	+ 15,5				
		D	5	4,0/6,4	± 12,2	+ 17,1				
			6	6,2/11,0	± 12,5	- 21,1				
		G	5	1,8/3,9	± 10,2	+ 19,7				
			5	0,8/2,7	± 10,3	+ 23,2				
			Mittelwert der Abweichung		± 9,3	16,5				
Fein-splitt	3/5	G	5	3,0/3,6	± 2,5	- 3,8	9	3,0/3,6	± 3,4	- 4,9
			4	3,0	± 1,3	+ 3,3				
		H	6	0,4/1,8	± 1,3	- 2,2				
	5/8	G	5	3,0/3,6	± 1,7	- 4,1	10	3,0/3,7	± 4,2	+ 7,9
			5	3,0/3,7	± 2,1	+ 5,8				
		H	5	1,5/1,7	± 3,6	+ 7,3				
	3/8	E	4	1,0/2,0	± 0,9	- 2,1	8	1,0/2,0	± 4,3	- 8,8
			4	1,0/1,3	± 2,7	+ 4,0				
			4	0,9/1,2	± 2,1	- 5,4				
		H	6	2,3/3,5	± 1,6	+ 3,8	11	2,3/4,1	± 1,9	+ 3,9
			Mittelwert der Abweichung		± 2,0	4,2			± 3,5	6,4
Mittel-wert	8/12	E	5	1,0/1,6	± 1,5	+ 3,6	9	1,0/1,6	± 2,1	- 4,2
			5	1,0	± 1,3	+ 3,2				
		D	5	3,9/4,4	± 1,5	- 3,7				
		G	5	2,5	± 3,0	- 6,4				
		H	5	2,8/3,3	± 2,0	- 3,1	10,5	2,2/4,0	± 1,8	+ 3,9
			4	3,0	± 1,7	- 2,8				
			Mittelwert der Abweichung		± 1,8	3,8			± 2,0	4,1
Grob-splitt	12/25	E	5	1,0	± 3,1	- 9,5	10,5	1,0	± 5,1	-11,0
			5	1,0/1,5	± 3,2	- 8,2				
		D	5	1,8/3,2	± 1,4	+ 2,8				
			5	1,9/3,0	± 3,1	- 5,1				
		G	5	4,1/4,8	± 4,5	+ 9,1	10	3,2/4,8	± 4,7	+ 9,5
			5	3,2/4,0	± 2,8	- 6,9				
			Mittelwert der Abweichung		± 3,0	6,9			± 4,9	10,3

Tabelle 5

Aufgabegenauigkeit durch Stoßaufgeber auf dem Versuchsstand 60 Hübe/min

(in Gewichts-%, bezogen auf das Trockengewicht)

Körnung Körnung mm	Gesteinsart	Trockenschüttgewicht lose eingefüllt t/m³	Trockenschüttgewicht fest eingerüttelt t/m³	Wassergehalt %	Austrittsöffnung b x h mm	Hublänge mm	Aufgabeleistung (trocken) t/h	Trockengewicht je Hub i.M. kg	Abweichungen vom mittleren Hubgewicht i.M. %	Abweichungen vom mittleren Hubgewicht max. %
0/3	Warsteiner Brechsand	1,20	1,90	2,5	300 x 60	90	6,770	1,880	± 4,32	7,02
				2,5	300 x 100		11,090	3,080	± 3,63	6,78
				2,5	300 x 140		15,080	4,190	± 2,19	4,68
				2,5	300 x 175		18,070	5,020	± 3,12	6,18
		1,05	1,97	5,0	300 x 60	90	6,010	1,670	± 3,96	5,17
				5,0	300 x 100		10,220	2,840	± 3,52	5,27
				5,0	300 x 140		14,150	3,930	± 2,84	4,49
				5,0	300 x 175		17,240	4,790	± 2,98	4,63
				Mittelwert der Abweichung					± 3,32	5,53
0/3	Rheinsand	1,06	1,74	4,0	300 x 60	60	3,530	0,980	± 3,11	6,08
				4,0	300 x 100		6,190	1,720	± 2,73	4,94
				4,0	300 x 140		8,490	2,360	± 2,36	5,68
				4,0	300 x 175		10,330	2,870	± 2,94	5,19
				4,0	300 x 60	120	8,640	2,400	± 3,18	5,28
				4,0	300 x 100		13,970	3,880	± 2,91	4,32
				4,0	300 x 140		19,580	5,440	± 2,59	4,92
				4,0	300 x 175		24,550	6,820	± 2,78	5,02

Rheinsand 0-3 mm

W. Brechsand 0-3 mm

			Mittelwert der Abweichung					± 2,83	5,18	Diabassplitt 2-5 mm
2/5	Diabassplitt	1,24	1,48	0	450 x 45	150	8,500	2,360	± 0,91	1,40
				0	450 x 70		14,620	4,060	± 1,17	4,58
				0	450 x 130		30,170	8,380	± 0,64	1,70
				0	450 x 195		52,060	14,460	± 0,49	1,46
				Mittelwert der Abweichung					± 0,81	2,29
3/7	Rheinkies	1,46	1,63	3,9	450 x 45	150	8,960	2,490	± 0,86	2,24
				3,7	450 x 70		15,770	4,380	± 0,84	1,65
				3,4	450 x 130		31,030	8,620	± 0,66	0,72
				3,4	450 - 195		53,640	14,900	± 0,80	1,52
				Mittelwert der Abweichung					± 0,79	1,53
7/15	Basaltsplitt	1,40	1,59	4,7	450 x 45	150	5,330	1,480	± 1,27	2,78
				2,8	450 x 70		11,770	3,270	± 0,98	1,58
				2,4	450 x 130		28,550	7,930	± 0,32	0,68
				2,4	450 x 195		53,780	14,940	± 0,31	0,76
				Mittelwert der Abweichung					± 0,72	1,45
5/30	Rheinkies	1,42	1,60	2,5	450 x 45	150	7,310	2,030	± 2,20	4,48
				2,1	450 x 70		13,250	3,680	± 1,34	1,86
				2,0	450 x 130		29,230	8,120	± 1,28	2,83
				2,4	450 x 195		57,310	15,920	± 0,76	1,14
				Mittelwert der Abweichung					± 1,40	2,72

Rheinkies 3-7 mm

Basaltsplitt 7-15 mm

Rheinkies 15-30 mm

T a b e
Gegenüberstell

Baustelle B									Asphaltbinder 0 - 12mm					
Betriebsstunden: 4,5														
Füllerzugabe: 5 %														

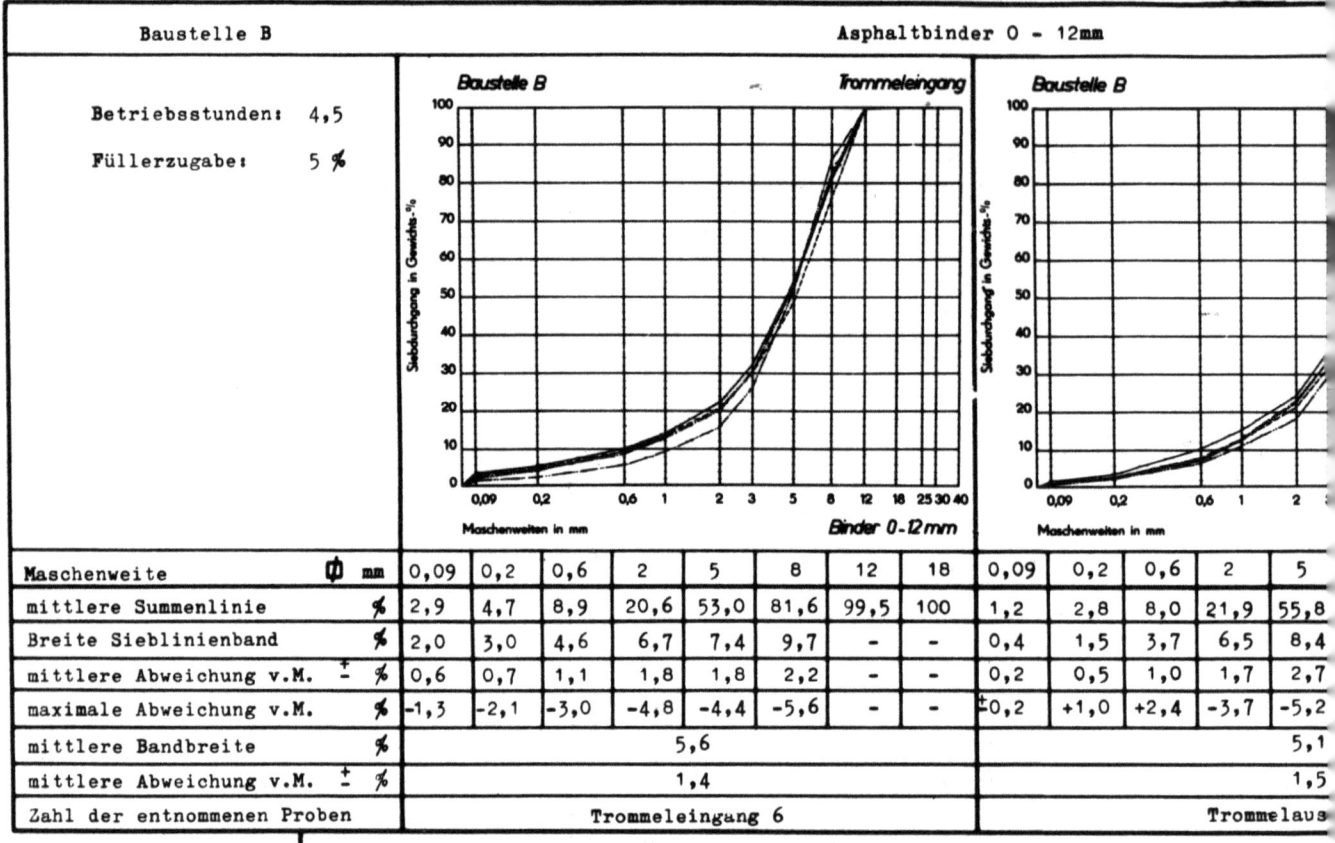

Maschenweite ⌀ mm	0,09	0,2	0,6	2	5	8	12	18	0,09	0,2	0,6	2	5
mittlere Summenlinie %	2,9	4,7	8,9	20,6	53,0	81,6	99,5	100	1,2	2,8	8,0	21,9	55,8
Breite Sieblinienband %	2,0	3,0	4,6	6,7	7,4	9,7	-	-	0,4	1,5	3,7	6,5	8,4
mittlere Abweichung v.M. ± %	0,6	0,7	1,1	1,8	1,8	2,2	-	-	0,2	0,5	1,0	1,7	2,7
maximale Abweichung v.M. %	-1,3	-2,1	-3,0	-4,8	-4,4	-5,6	-	-	±0,2	+1,0	+2,4	-3,7	-5,2
mittlere Bandbreite %	5,6												5,1
mittlere Abweichung v.M. ± %	1,4												1,5
Zahl der entnommenen Proben	Trommeleingang 6												Trommelaus

Baustelle D									Asphaltbinder 0-25 mm	
Betriebsstunden: 5										

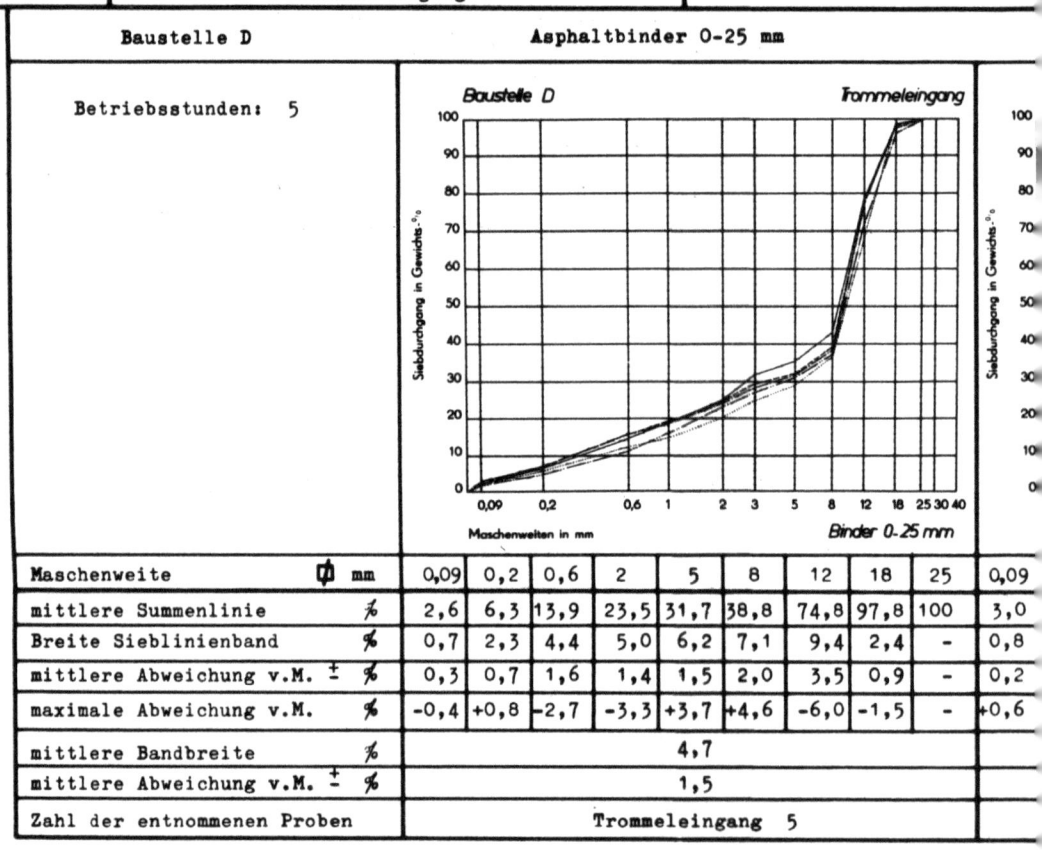

Maschenweite ⌀ mm	0,09	0,2	0,6	2	5	8	12	18	25	0,09
mittlere Summenlinie %	2,6	6,3	13,9	23,5	31,7	38,8	74,8	97,8	100	3,0
Breite Sieblinienband %	0,7	2,3	4,4	5,0	6,2	7,1	9,4	2,4	-	0,8
mittlere Abweichung v.M. ± %	0,3	0,7	1,6	1,4	1,5	2,0	3,5	0,9	-	0,2
maximale Abweichung v.M. %	-0,4	+0,8	-2,7	-3,3	+3,7	+4,6	-6,0	-1,5	-	+0,6
mittlere Bandbreite %	4,7									
mittlere Abweichung v.M. ± %	1,5									
Zahl der entnommenen Proben	Trommeleingang 5									

Sieblinien

Chargenmischer mit Sieb

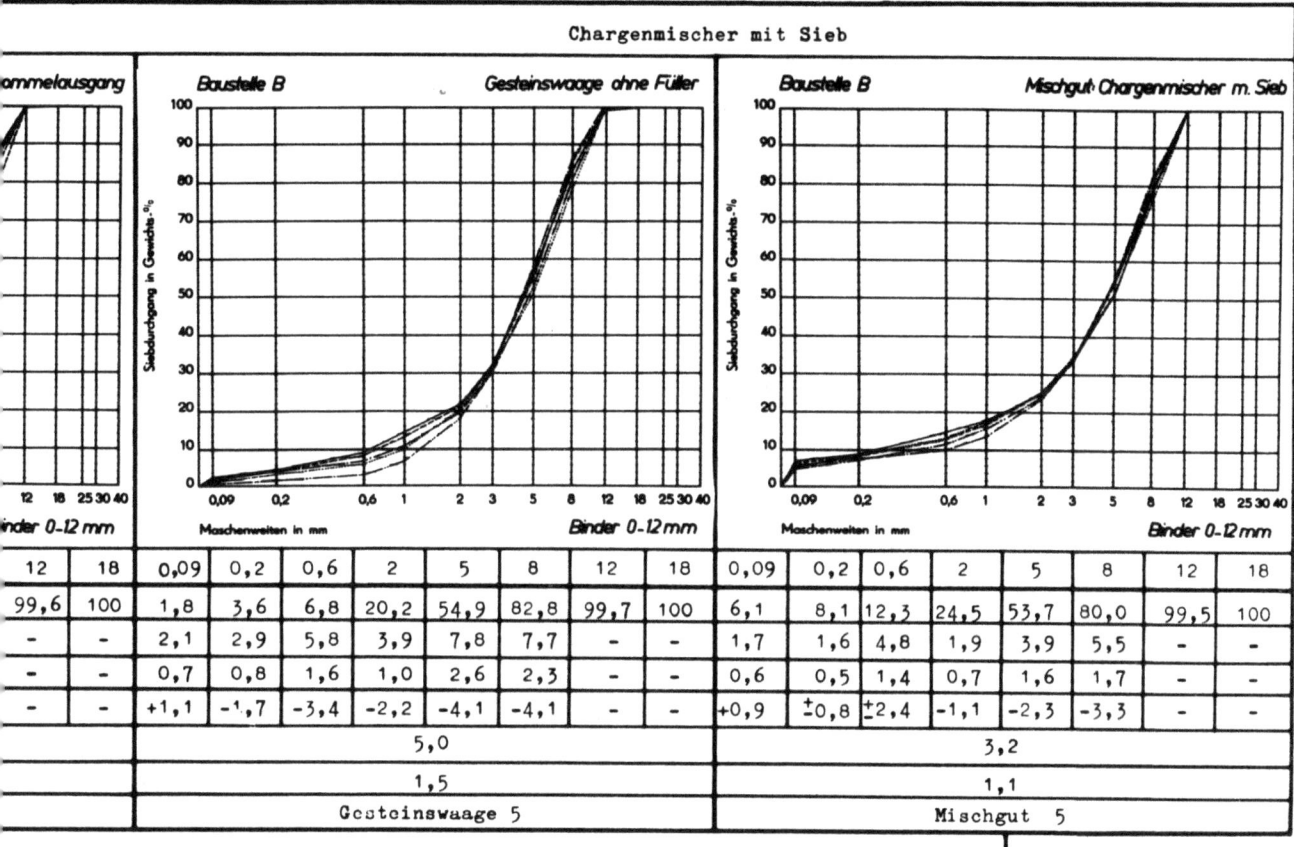

12	18	0,09	0,2	0,6	2	5	8	12	18	0,09	0,2	0,6	2	5	8	12	18
99,6	100	1,8	3,6	6,8	20,2	54,9	82,8	99,7	100	6,1	8,1	12,3	24,5	53,7	80,0	99,5	100
-	-	2,1	2,9	5,8	3,9	7,8	7,7	-	-	1,7	1,6	4,8	1,9	3,9	5,5	-	-
-	-	0,7	0,8	1,6	1,0	2,6	2,3	-	-	0,6	0,5	1,4	0,7	1,6	1,7	-	-
-	-	+1,1	-1,7	-3,4	-2,2	-4,1	-4,1	-	-	+0,9	±0,8	±2,4	-1,1	-2,3	-3,3	-	-
				5,0									3,2				
				1,5									1,1				
			Gesteinswaage 5									Mischgut 5					

Chargenmischer ohne Sieb

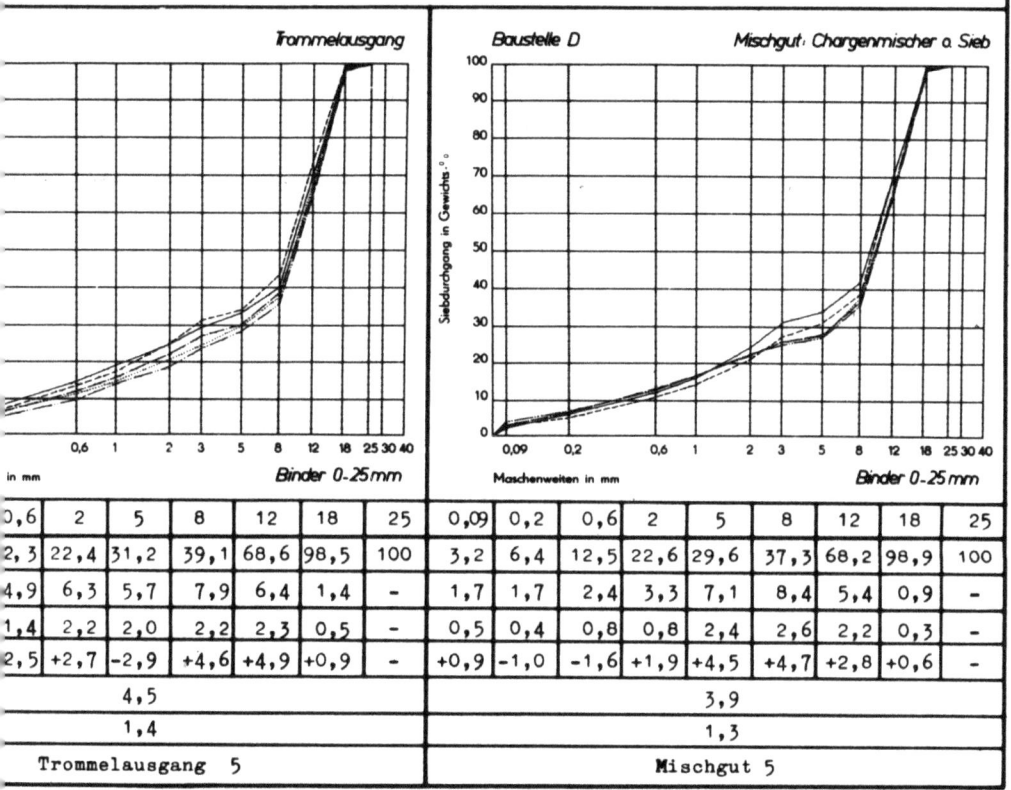

0,6	2	5	8	12	18	25	0,09	0,2	0,6	2	5	8	12	18	25
2,3	22,4	31,2	39,1	68,6	98,5	100	3,2	6,4	12,5	22,6	29,6	37,3	68,2	98,9	100
4,9	6,3	5,7	7,9	6,4	1,4	-	1,7	1,7	2,4	3,3	7,1	8,4	5,4	0,9	-
1,4	2,2	2,0	2,2	2,3	0,5	-	0,5	0,4	0,8	0,8	2,4	2,6	2,2	0,3	-
2,5	+2,7	-2,9	+4,6	+4,9	+0,9	-	+0,9	-1,0	-1,6	+1,9	+4,5	+4,7	+2,8	+0,6	-
			4,5								3,9				
			1,4								1,3				
		Trommelausgang 5								Mischgut 5					

Tabelle 7

Gegenüberstellung der Sieblinien

Teerasphaltbinder I 0-25 mm

Baustelle C
Betriebsstunden: 7

Maschenweite ⌀ mm		0,09	0,2	0,6	2	5	8	12	18	25
mittlere Summenlinie	%	1,3	2,1	14,6	23,5	25,3	29,6	49,7	94,3	100
Breite Sieblinienband	%	1,0	1,4	4,5	9,2	9,5	13,4	7,2	4,3	-
mittlere Abweichung v.M. ±	%	0,3	0,4	1,3	2,9	2,5	3,0	1,8	1,1	-
maximale Abweichung v.M.	%	+0,6	-0,9	-2,4	-4,9	-4,8	+8,0	-3,9	+2,5	-
mittlere Bandbreite	%	6,3								
mittlere Abweichung v.M. ±	%	1,7								
Zahl der entnommenen Proben		Trommeleingang 7								

(Baustelle C, Trommelausgang)

		0,09	0,2	0,6	2	5	8	12	18	25
mittlere Summenlinie	%	0,8	2,2	15,4	23,8	27,4	31,8	52,6	92,9	100
Breite Sieblinienband	%	1,1	1,8	5,9	5,6	5,7	6,7	9,8	6,2	-
mittlere Abweichung v.M. ±	%	0,4	0,5	1,7	1,8	1,8	2,1	3,0	1,8	-
maximale Abweichung v.M.	%	-0,6	-0,9	-3,8	+2,9	-2,9	-3,6	-5,8	+3,3	-
mittlere Bandbreite	%	5,4								
mittlere Abweichung v.M. ±	%	1,6								
Zahl der entnommenen Proben		Trommelausgang 7								

Chargenmischer ohne Füller

		0,09	0,2	0,6	2	5	8	12	18	25
mittlere Summenlinie	%	1,2	3,1	14,2	22,3	26,5	32,7	51,2	96,0	100
Breite Sieblinienband	%	2,2	3,4	9,5	2,3	4,9	7,8	15,4	3,4	-
mittlere Abweichung v.M. ±	%	0,7	1,1	2,9	0,7	1,4	2,1	4,9	0,9	-
maximale Abweichung v.M.	%	+1,3	-1,7	-5,0	+1,2	+2,7	+4,1	+7,4	-1,7	-
mittlere Bandbreite	%	6,1								
mittlere Abweichung v.M. ±	%	1,8								
Zahl der entnommenen Proben		Gesteinswaage 6								

Chargenmischer mit Sieb

		0,03	0,2	0,6	2	5	8	12	18	25
mittlere Summenlinie	%	1,2	3,3	14,6	22,1	26,5	31,9	52,6	95,9	100
Breite Sieblinienband	%	1,6	3,1	7,3	4,1	4,3	7,3	14,1	3,9	-
mittlere Abweichung v.M. ±	%	0,4	0,9	2,3	1,2	1,1	2,0	3,8	1,4	-
maximale Abweichung v.M.	%	+1,1	+1,7	-3,7	+2,1	+2,4	+4,4	+7,5	+1,6	-
mittlere Bandbreite	%	5,7								
mittlere Abweichung v.M. ±	%	1,6								
Zahl der entnommenen Proben		Mischgut 6								

Teerasphaltbinder II 0-25 mm

Baustelle C
Betriebsstunden: 7
Füllerzugabe: 4 %

(Trommeleingang)

Maschenweite ⌀ mm		0,09	0,2	0,6	2	5	8	12	18	25
mittlere Summenlinie	%	1,3	2,4	17,2	26,2	30,2	38,3	59,1	95,8	100
Breite Sieblinienband	%	0,9	2,7	7,7	13,0	12,2	13,3	12,4	4,8	-
mittlere Abweichung v.M. ±	%	0,2	0,8	2,1	3,9	4,6	3,5	3,5	1,6	-
maximale Abweichung v.M.	%	-0,6	-1,7	-4,0	+6,8	-6,8	+6,9	+7,3	+2,5	-
mittlere Bandbreite	%	8,4								
mittlere Abweichung v.M. ±	%	2,6								
Zahl der entnommenen Proben		Trommeleingang 7								

(Baustelle C, Trommelausgang)

		0,09	0,2	0,6	2	5	8	12	18	25
mittlere Summenlinie	%	0,5	1,3	16,1	24,8	29,2	38,0	60,7	97,1	100
Breite Sieblinienband	%	0,7	1,3	8,8	11,8	10,7	11,7	7,3	5,6	-
mittlere Abweichung v.M. ±	%	0,2	0,3	2,4	2,9	3,0	3,1	2,2	1,2	-
maximale Abweichung v.M.	%	+0,4	-0,7	+4,8	-7,6	-6,9	-7,2	-4,0	3,1	-
mittlere Bandbreite	%	7,2								
mittlere Abweichung v.M. ±	%	1,9								
Zahl der entnommenen Proben		Trommelausgang 6								

Chargenmischer ohne Füller

		0,09	0,2	0,6	2	5	8	12	18	25
mittlere Summenlinie	%	0,6	3,3	15,4	22,9	29,7	38,5	58,6	95,8	100
Breite Sieblinienband	%	0,7	3,0	9,0	3,7	6,9	13,6	10,0	2,8	-
mittlere Abweichung v.M. ±	%	0,2	0,8	2,8	1,2	1,7	3,9	4,0	0,8	-
maximale Abweichung v.M.	%	+0,4	+1,6	+4,8	+2,0	+3,8	+7,7	-8,7	+1,5	-
mittlere Bandbreite	%	6,2								
mittlere Abweichung v.M. ±	%	1,9								
Zahl der entnommenen Proben		Gesteinswaage 6								

Chargenmischer mit Sieb

		0,09	0,2	0,6	2	5	8	12	18	25
mittlere Summenlinie	%	4,0	6,0	17,1	25,9	30,6	37,8	56,4	96,8	100
Breite Sieblinienband	%	1,9	2,6	6,5	6,9	5,6	10,0	15,3	2,8	-
mittlere Abweichung v.M. ±	%	0,6	0,6	1,6	1,5	3,1	4,9	0,9	-	-
maximale Abweichung v.M.	%	+1,2	+1,8	+4,6	-4,2	+3,4	+5,0	-7,4	-1,6	-
mittlere Bandbreite	%	6,5								
mittlere Abweichung v.M. ±	%	1,8								
Zahl der entnommenen Proben		Mischgut 7								

Tabelle 8

Gegenüberstellung der Sieblinien

Baustelle E — Betriebsstunden: 5

Asphaltbinder 0–25 mm

Trommeleingang

Maschenweite Ø mm	0,09	0,2	0,6	2	5	8	12	18	25
mittlere Summenlinie %	2,4	4,5	8,9	15,3	23,5	40,2	64,9	97,3	100
Breite Sieblinienband %	1,2	3,0	5,8	7,7	11,6	10,7	8,7	2,8	–
mittlere Abweichung v.M. +%	0,4	1,2	2,2	3,2	3,9	3,6	3,3	0,8	–
maximale Abweichung v.M. %	+0,6	+1,7	+3,2	–3,9	–6,4	–5,6	–5,7	+1,7	–
mittlere Bandbreite %	6,4								
mittlere Abweichung v.M. ±%	2,3								
Zahl der entnommenen Proben	Trommeleingang 6								

Trommelausgang

Maschenweite Ø mm	0,09	0,2	0,6	2	5	8	12	18	25
mittlere Summenlinie %	2,0	4,1	8,8	16,0	23,5	40,4	65,4	98,2	100
Breite Sieblinienband %	1,8	2,6	4,3	6,4	9,4	9,5	9,9	3,6	–
mittlere Abweichung v.M. +%	0,4	0,8	1,4	1,9	2,3	2,4	2,6	1,1	–
maximale Abweichung v.M. %	–1,0	–1,7	–2,7	–3,9	–5,9	–6,2	–6,3	–2,2	–
mittlere Bandbreite %	5,9								
mittlere Abweichung v.M. ±%	1,6								
Zahl der entnommenen Proben	Trommelausgang 8								

Chargenmischer ohne Füller — Gesteinswaage

Maschenweite Ø mm	0,09	0,2	0,6	2	5	8	12	18	25
mittlere Summenlinie %	2,1	4,3	9,1	15,6	22,8	39,8	63,5	97,5	100
Breite Sieblinienband %	2,2	5,1	5,6	4,8	4,2	6,8	4,8	5,2	–
mittlere Abweichung v.M. +%	0,9	1,5	1,7	1,4	1,2	2,4	1,2	1,6	–
maximale Abweichung v.M. %	+2,2	+3,5	+3,8	–2,5	–2,3	+3,3	+2,5	–3,2	–
mittlere Bandbreite %	4,8								
mittlere Abweichung v.M. ±%	1,5								
Zahl der entnommenen Proben	Gesteinswaage 5								

Chargenmischer mit Sieb — Mischgut

Maschenweite Ø mm	0,09	0,2	0,6	2	5	8	12	18	25
mittlere Summenlinie %	2,4	4,4	9,4	15,9	22,1	39,1	62,8	97,2	100
Breite Sieblinienband %	2,8	4,3	5,7	5,2	3,5	6,1	4,5	5,1	–
mittlere Abweichung v.M. +%	0,9	1,4	1,2	1,6	1,2	1,5	1,4	1,4	–
maximale Abweichung v.M. %	+1,4	–2,2	–1,9	–2,9	–2,0	–2,0	+2,3	–2,7	–
mittlere Bandbreite %	4,4								
mittlere Abweichung v.M. ±%	1,3								
Zahl der entnommenen Proben	Mischgut 5								

Baustelle E — Betriebsstunden: 5,5

Asphaltbinder 0–25 mm

Trommeleingang

Maschenweite Ø mm	0,09	0,2	0,6	2	5	8	12	18	25
mittlere Summenlinie %	2,8	3,6	7,2	13,1	20,1	37,5	62,3	94,3	100
Breite Sieblinienband %	2,3	3,3	4,0	7,5	7,3	14,9	9,1	4,0	–
mittlere Abweichung v.M. +%	0,8	0,8	0,9	2,3	2,7	4,8	3,3	1,3	–
maximale Abweichung v.M. %	+1,3	+1,7	+2,0	–4,0	+4,0	–7,6	+5,6	–1,8	–
mittlere Bandbreite %	6,6								
mittlere Abweichung v.M. ±%	2,1								
Zahl der entnommenen Proben	Trommeleingang 6								

Trommelausgang

Maschenweite Ø mm	0,09	0,2	0,6	2	5	8	12	18	25
mittlere Summenlinie %	1,6	3,0	6,9	12,5	20,0	37,5	62,2	95,6	100
Breite Sieblinienband %	1,4	2,2	2,9	6,0	7,5	10,7	11,7	7,2	–
mittlere Abweichung v.M. +%	0,4	0,6	1,2	1,8	2,4	3,3	3,1	1,8	–
maximale Abweichung v.M. %	+0,8	+1,5	+1,5	+3,5	–4,4	–6,2	–6,2	–4,5	–
mittlere Bandbreite %	6,2								
mittlere Abweichung v.M. ±%	1,8								
Zahl der entnommenen Proben	Trommelausgang 8								

Chargenmischer ohne Füller — Gesteinswaage

Maschenweite Ø mm	0,09	0,2	0,6	2	5	8	12	18	25
mittlere Summenlinie %	1,8	3,1	7,4	13,7	20,8	38,1	61,5	96,0	100
Breite Sieblinienband %	1,6	3,1	3,2	4,7	7,1	11,6	5,8	2,9	–
mittlere Abweichung v.M. +%	0,5	0,8	0,9	1,4	2,4	4,3	2,0	0,8	–
maximale Abweichung v.M. %	–1,0	+2,0	+2,2	–2,5	–3,8	+6,0	–2,5	+2,0	–
mittlere Bandbreite %	5,0								
mittlere Abweichung v.M. ±%	1,6								
Zahl der entnommenen Proben	Gesteinswaage 5								

Chargenmischer mit Sieb — Mischgut

Maschenweite Ø mm	0,09	0,2	0,6	2	5	8	12	18	25
mittlere Summenlinie %	2,1	3,4	8,2	14,1	21,2	38,8	62,8	97,2	100
Breite Sieblinienband %	1,8	2,7	2,9	3,9	4,6	9,8	6,0	3,0	–
mittlere Abweichung v.M. +%	0,5	0,8	1,0	1,1	1,4	3,8	2,0	0,9	–
maximale Abweichung v.M. %	+1,0	+2,1	+1,0	+2,4	–2,3	+5,2	+3,2	+1,6	–
mittlere Bandbreite %	4,3								
mittlere Abweichung v.M. ±%	1,4								
Zahl der entnommenen Proben	Mischgut 5								

T a b e l l e   9
Gegenüberstellung der Sieblinien

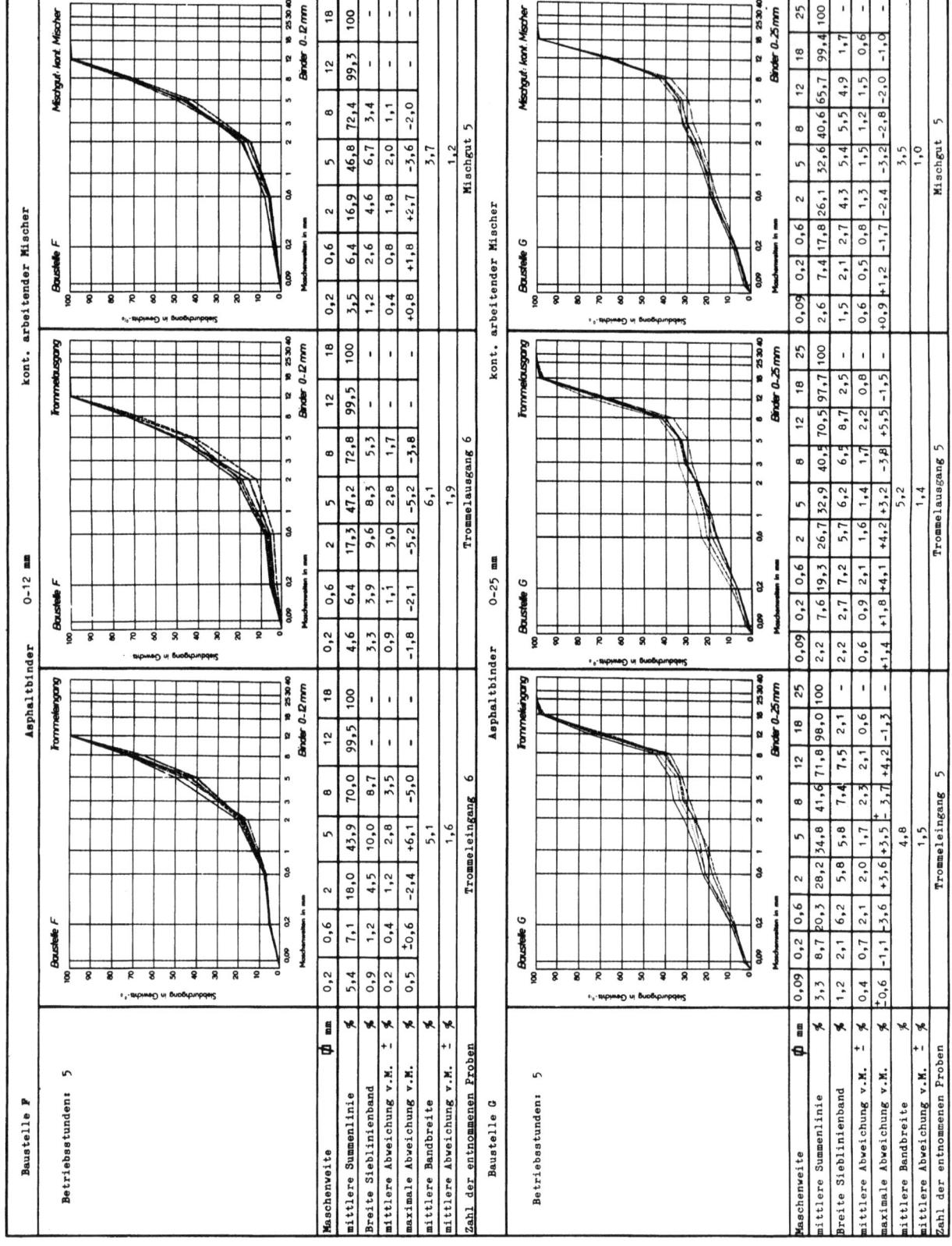

Tabelle 10

Gegenüberstellung der Sieblinien

Baustelle H — Asphaltbinder 0 - 12 mm — kont. arbeitender Mischer

Betriebsstunden: 5

Trommeleingang (Baustelle H) — Binder 0-12mm

Maschenweite Ø mm	0,09	0,2	0,6	2	5	8	12	18
mittlere Summenlinie %	0,7	2,1	6,6	17,2	38,9	74,6	99,8	100
Breite Sieblinienband %	0,8	1,9	4,3	5,4	11,6	6,1	-	-
mittlere Abweichung v.M. ± %	0,2	0,6	1,5	1,9	3,8	1,9	-	-
maximale Abweichung v.M. %	-0,5	-1,1	-2,6	-3,2	-6,3	-3,1	-	-
mittlere Bandbreite %					5,0			
mittlere Abweichung v.M. ± %					1,7			
Zahl der entnommenen Proben				Trommeleingang 6				

Trommelausgang (Baustelle H) — Binder 0-12mm

Maschenweite	0,09	0,2	0,6	2	5	8	12	18
mittlere Summenlinie	1,8	2,5	6,2	15,9	35,9	71,9	99,7	10
Breite Sieblinienband	1,2	1,9	2,8	6,8	8,8	6,8	-	-
mittlere Abweichung v.M. ±	0,3	0,4	0,8	1,8	3,2	2,8	-	-
maximale Abweichung v.M.	±0,6	-1,6	+1,9	-3,8	+5,9	-3,8	-	-
mittlere Bandbreite					4,7			
mittlere Abweichung v.M. ±					1,6			
Zahl der entnommenen Proben				Trommelausgang 7				

Mischgut kont. Mischer (Baustelle H) — Binder 0-12mm

Maschenweite	0,09	0,2	0,6	2	5	8	12	18
mittlere Summenlinie	1,1	2,3	7,7	16,8	36,8	70,8	99,7	100
Breite Sieblinienband	1,6	2,2	2,8	5,1	8,5	6,6	-	-
mittlere Abweichung v.M. ±	0,3	0,5	0,8	1,5	2,5	1,4	-	-
maximale Abweichung v.M.	+1,2	+1,9	+1,5	+3,1	-5,3	-3,6	-	-
mittlere Bandbreite					4,5			
mittlere Abweichung v.M. ±					1,2			
Zahl der entnommenen Proben				Mischgut 9				

Baustelle H — Asphaltbinder 0 - 12 mm — kont. arbeitender Mischer

Betriebsstunden: 6

Trommeleingang (Baustelle H) — Binder 0-12mm

Maschenweite Ø mm	0,09	0,2	0,6	2	5	8	12	18
mittlere Summenlinie %	0,7	2,1	7,3	17,8	43,1	78,9	99,8	100
Breite Sieblinienband %	0,5	2,3	3,8	5,9	13,9	11,5	-	-
mittlere Abweichung v.M. ± %	0,2	0,5	1,3	2,0	4,8	3,6	-	-
maximale Abweichung v.M. %	+0,3	+1,4	+2,7	+3,2	+7,8	-6,7	-	-
mittlere Bandbreite %					6,3			
mittlere Abweichung v.M. ± %					2,1			
Zahl der entnommenen Proben				Trommeleingang 6				

Trommelausgang (Baustelle H) — Binder 0-12mm

Maschenweite	0,09	0,2	0,6	2	5	8	12	18
mittlere Summenlinie	2,1	2,6	6,1	16,6	42,5	73,4	99,8	100
Breite Sieblinienband	1,1	1,2	1,8	6,5	15,6	10,1	-	-
mittlere Abweichung v.M. ±	0,4	0,3	0,6	2,2	5,2	3,7	-	-
maximale Abweichung v.M.	+0,8	±0,6	-0,9	+4,0	+9,1	+5,9	-	-
mittlere Bandbreite					6,1			
mittlere Abweichung v.M. ±					2,1			
Zahl der entnommenen Proben				Trommelausgang 5				

Mischgut kont. Mischer (Baustelle H) — Binder 0-12mm

Maschenweite	0,09	0,2	0,6	2	5	8	12	18
mittlere Summenlinie	1,1	2,5	7,5	17,9	42,5	73,7	99,7	100
Breite Sieblinienband	2,1	2,4	3,6	4,1	15,7	13,3	-	-
mittlere Abweichung v.M. ±	0,6	0,7	0,8	1,0	4,4	4,1	-	-
maximale Abweichung v.M.	+2,2	+1,5	+2,2	-2,4	+10,0	+8,0	-	-
mittlere Bandbreite					6,9			
mittlere Abweichung v.M. ±					1,9			
Zahl der entnommenen Proben				Mischgut 10				

Tabelle 11

Gegenüberstellung der Sieblinien

Baustelle A — Splittarmer Asphaltfeinbeton 0-5 mm — Chargenmischer mit Sieb

Betriebsstunden: 5
Füllerzugabe: 5,5 %

Maschenweite Ø mm		Baustelle A — Trommeleingang — Decke 0-5mm							Baustelle A — Trommelausgang — Decke 0-5mm							Baustelle A — Gesteinswaage ohne Füller — Decke 0-5mm							Baustelle A — Mischgut Chargenmischer m. Sieb — Decke 0-5mm						
		0,09	0,2	0,6	2	5	8	12	0,09	0,2	0,6	2	5	8	12	0,09	0,2	0,6	2	5	8	12	0,09	0,2	0,6	2	5	8	12
mittlere Summenlinie	%	8,7	14,7	33,0	60,1	90,7	99,5	100	4,8	11,5	32,2	60,3	99,4	99,9	100	4,3	10,1	28,1	56,8	99,4	100	-	8,8	14,4	30,7	58,1	98,4	99,8	100
Breite Sieblinienband	%	3,3	2,5	10,5	7,0	6,5	-	-	0,5	1,8	13,8	9,1	-	-	-	2,3	6,0	10,2	3,4	-	-	-	2,0	1,7	6,5	1,7	-	-	-
mittlere Abweichung v.M. +	%	1,1	0,8	4,2	2,5	2,1	-	-	0,2	0,8	5,0	3,7	-	-	-	1,0	2,4	4,3	1,5	-	-	-	0,7	0,7	2,6	0,7	-	-	-
maximale Abweichung v.M.	%	-1,8	-1,6	+5,8	+4,1	-5,0	-	-	-0,3	-1,2	+8,1	+4,6	-	-	-	+1,2	-3,2	-5,9	-2,0	-	-	-	-1,1	-1,1	-3,9	-1,0	-	-	-
mittlere Bandbreite	%		5,8							6,3							5,5							3,0						
mittlere Abweichung v.M. ±	%		2,2							2,4							2,3							1,6						
Zahl der entnommenen Proben			Trommeleingang 4							Trommelausgang 4							Gesteinswaage 4							Mischgut 4						

Baustelle B — Splittarmer Asphaltfeinbeton 0-8 mm — Chargenmischer mit Sieb

Betriebsstunden: 5
Füllerzugabe: 8 %

Maschenweite Ø mm		Baustelle B — Trommeleingang — Decke 0-8mm							Baustelle B — Trommelausgang — Decke 0-8mm							Baustelle B — Gesteinswaage ohne Füller — Decke 0-8mm							Baustelle B — Mischgut Chargenmischer m. Sieb — Decke 0-8mm						
		0,09	0,2	0,6	2	5	8	12	0,09	0,2	0,6	2	5	8	12	0,09	0,2	0,6	2	5	8	12	0,09	0,2	0,6	2	5	8	12
mittlere Summenlinie	%	11,8	18,1	33,4	63,1	90,7	99,5	100	4,1	11,1	28,5	62,8	91,8	99,4	100	4,6	8,3	22,3	60,0	91,1	99,7	-	10,8	17,1	31,8	63,7	88,3	99,2	100
Breite Sieblinienband	%	1,4	3,0	7,2	9,4	6,5	-	-	2,5	3,9	5,8	6,6	3,8	-	-	0,6	5,6	13,5	1,8	1,9	-	-	1,0	5,0	6,0	4,6	7,8	-	-
mittlere Abweichung v.M. +	%	0,3	1,0	2,4	3,5	2,1	-	-	0,7	1,2	1,5	1,8	1,8	-	-	0,2	1,9	4,5	0,6	0,8	-	-	0,4	1,7	2,0	1,6	2,2	-	-
maximale Abweichung v.M.	%	+0,8	+2,0	-4,6	-5,2	-5,0	-	-	-1,7	+2,1	+3,4	±3,3	+2,0	-	-	±0,3	±2,8	-6,8	-0,9	+1,3	-	-	±0,5	-2,8	+3,1	-3,0	±3,9	-	-
mittlere Bandbreite	%		5,5							4,5							4,7							4,9						
mittlere Abweichung v.M. ±	%		1,9							1,4							1,6							1,6						
Zahl der entnommenen Proben			Trommeleingang 8							Trommelausgang 6							Gesteinswaage 5							Mischgut 5						

Tabelle 12

Gegenüberstellung der Sieblinien

Baustelle C

Betriebsstunden: 7
Füllerzugabe: 12 %

Splittarmer Asphaltfeinbeton 0-8 mm / Trommeleingang / Baustelle C

Maschenweite	⌀ mm	0,09	0,2	0,6	2	5	8	12
mittlere Summenlinie	%	5,6	11,4	44,3	60,2	84,9	99,7	100
Breite Sieblinienband	%	4,9	7,3	8,9	11,2	9,1	-	-
mittlere Abweichung v.M. ±	%	1,5	2,0	2,3	2,5	3,3	-	-
maximale Abweichung v.M.	%	-2,7	-4,0	+4,6	-6,9	+4,7	-	-
mittlere Bandbreite	%				8,3			
mittlere Abweichung v.M. ±	%				2,3			
Zahl der entnommenen Proben					Trommeleingang 9			

Splittarmer Asphaltfeinbeton 0-8 mm / Trommelausgang / Baustelle C

Maschenweite	⌀ mm	0,09	0,2	0,6	2	5	8	12
mittlere Summenlinie	%	2,1	9,5	44,2	60,8	84,9	99,8	100
Breite Sieblinienband	%	3,2	5,8	14,1	7,6	7,4	-	-
mittlere Abweichung v.M. ±	%	0,9	1,7	4,0	2,4	2,3	-	-
maximale Abweichung v.M.	%	+1,7	+3,4	+7,7	+5,0	-3,7	-	-
mittlere Bandbreite	%				7,6			
mittlere Abweichung v.M. ±	%				2,3			
Zahl der entnommenen Proben					Trommelausgang 7			

Chargenwaage ohne Füller / Baustelle C

Maschenweite	⌀ mm	0,09	0,2	0,6	2	5	8	12
mittlere Summenlinie	%	3,0	10,8	43,6	61,4	87,3	99,4	100
Breite Sieblinienband	%	2,5	4,5	11,2	5,4	13,6	-	-
mittlere Abweichung v.M. ±	%	0,8	1,2	3,3	1,6	3,7	-	-
maximale Abweichung v.M.	%	-1,5	+2,6	-5,7	-3,0	+7,5	-	-
mittlere Bandbreite	%				7,4			
mittlere Abweichung v.M. ±	%				2,1			
Zahl der entnommenen Proben					Gesteinswaage 6			

Chargenmischer mit Sieb / Baustelle C

Maschenweite	⌀ mm	0,09	0,2	0,6	1	2	5	8	12
mittlere Summenlinie	%	13,7	18,7	49,0	62,4	85,4	99,5	100	
Breite Sieblinienband	%	3,8	8,2	6,1	6,7	10,8	-	-	
mittlere Abweichung v.M. ±	%	1,5	2,5	1,9	1,9	3,2	-	-	
maximale Abweichung v.M.	%	+2,0	-4,7	-4,0	-3,1	-6,1	-	-	
mittlere Bandbreite	%				7,1				
mittlere Abweichung v.M. ±	%				2,2				
Zahl der entnommenen Proben					Mischgut 7				

Baustelle H

Betriebsstunden: 5
Füllerzugabe: 5 %

Splittreicher Asphaltfeinbeton 0-8 mm / Trommeleingang / Baustelle H

Maschenweite	⌀ mm	0,09	0,2	0,6	2	5	8	12
mittlere Summenlinie	%	6,6	11,7	24,5	58,7	94,6	99,7	100
Breite Sieblinienband	%	3,9	4,7	5,5	6,8	4,7	-	-
mittlere Abweichung v.M. ±	%	1,3	1,9	2,1	2,5	1,5	-	-
maximale Abweichung v.M.	%	-2,0	+2,6	+3,1	-3,4	-2,9	-	-
mittlere Bandbreite	%				5,1			
mittlere Abweichung v.M. ±	%				1,9			
Zahl der entnommenen Proben					Trommeleingang 6			

Splittreicher Asphaltfeinbeton 0-8 mm / Trommelausgang / Baustelle H

Maschenweite	⌀ mm	0,09	0,2	0,6	2	5	8	12
mittlere Summenlinie	%	4,2	11,4	23,6	57,9	94,1	99,6	100
Breite Sieblinienband	%	3,5	4,0	4,2	6,0	3,4	-	-
mittlere Abweichung v.M. ±	%	1,1	1,7	1,4	1,7	1,0	-	-
maximale Abweichung v.M.	%	-2,1	-2,6	-2,1	+3,7	+1,9	-	-
mittlere Bandbreite	%				4,2			
mittlere Abweichung v.M. ±	%				1,4			
Zahl der entnommenen Proben					Trommelausgang 7			

kont. arbeitender Mischer / Baustelle H

Maschenweite	⌀ mm	0,09	0,2	0,6	1	2	5	8	12
mittlere Summenlinie	%	7,3	13,2	27,4	58,7	93,2	99,6	100	
Breite Sieblinienband	%	3,1	4,2	5,2	6,8	4,8	-	-	
mittlere Abweichung v.M. ±	%	1,1	1,2	1,7	1,7	1,1	-	-	
maximale Abweichung v.M.	%	+1,7	-2,5	+2,9	-3,7	-3,6	-	-	
mittlere Bandbreite	%				4,8				
mittlere Abweichung v.M. ±	%				1,4				
Zahl der entnommenen Proben					Mischgut 7				

Tabelle 13
Gegenüberstellung der Sieblinien

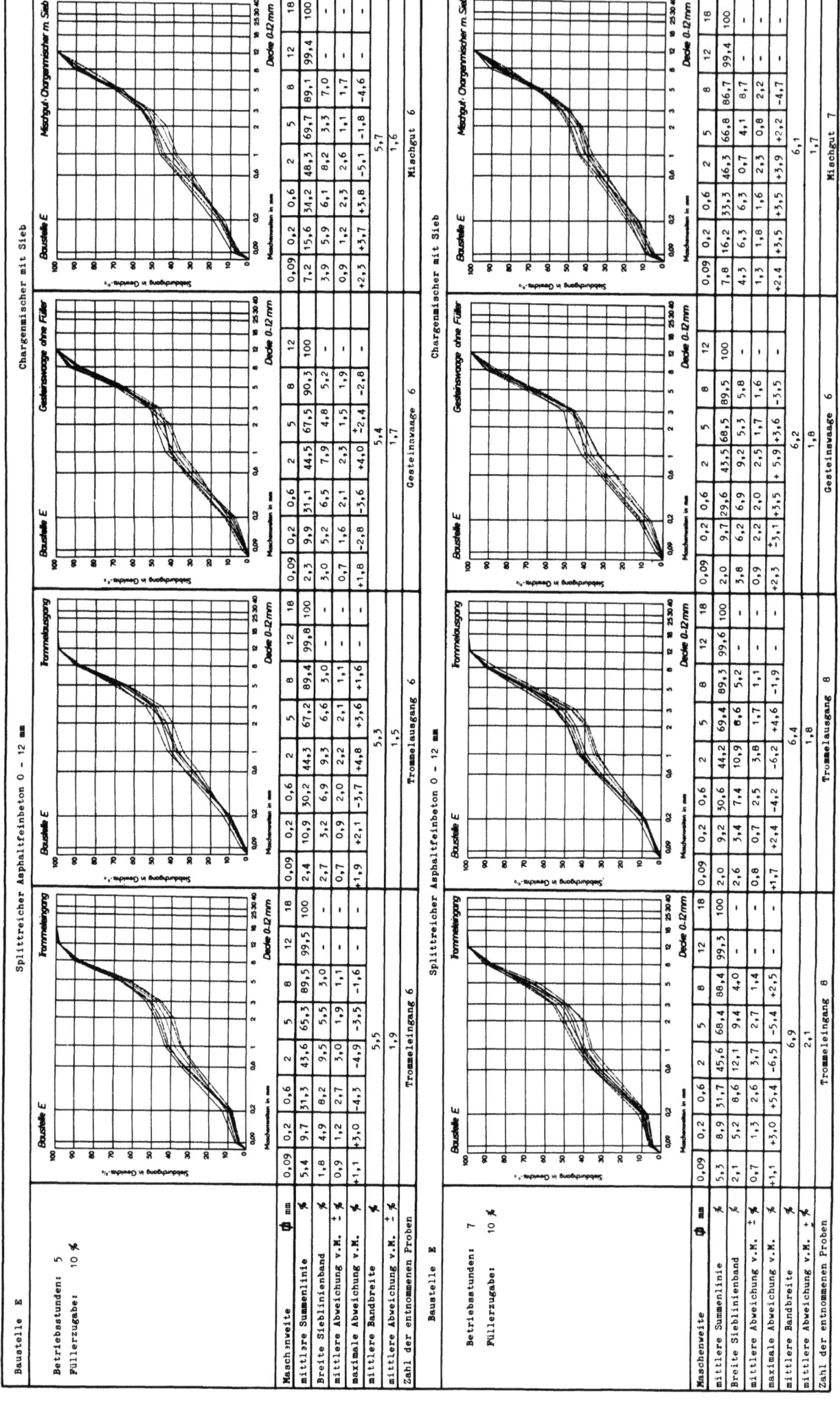

Tabelle 14

Gegenüberstellung der Sieblinien

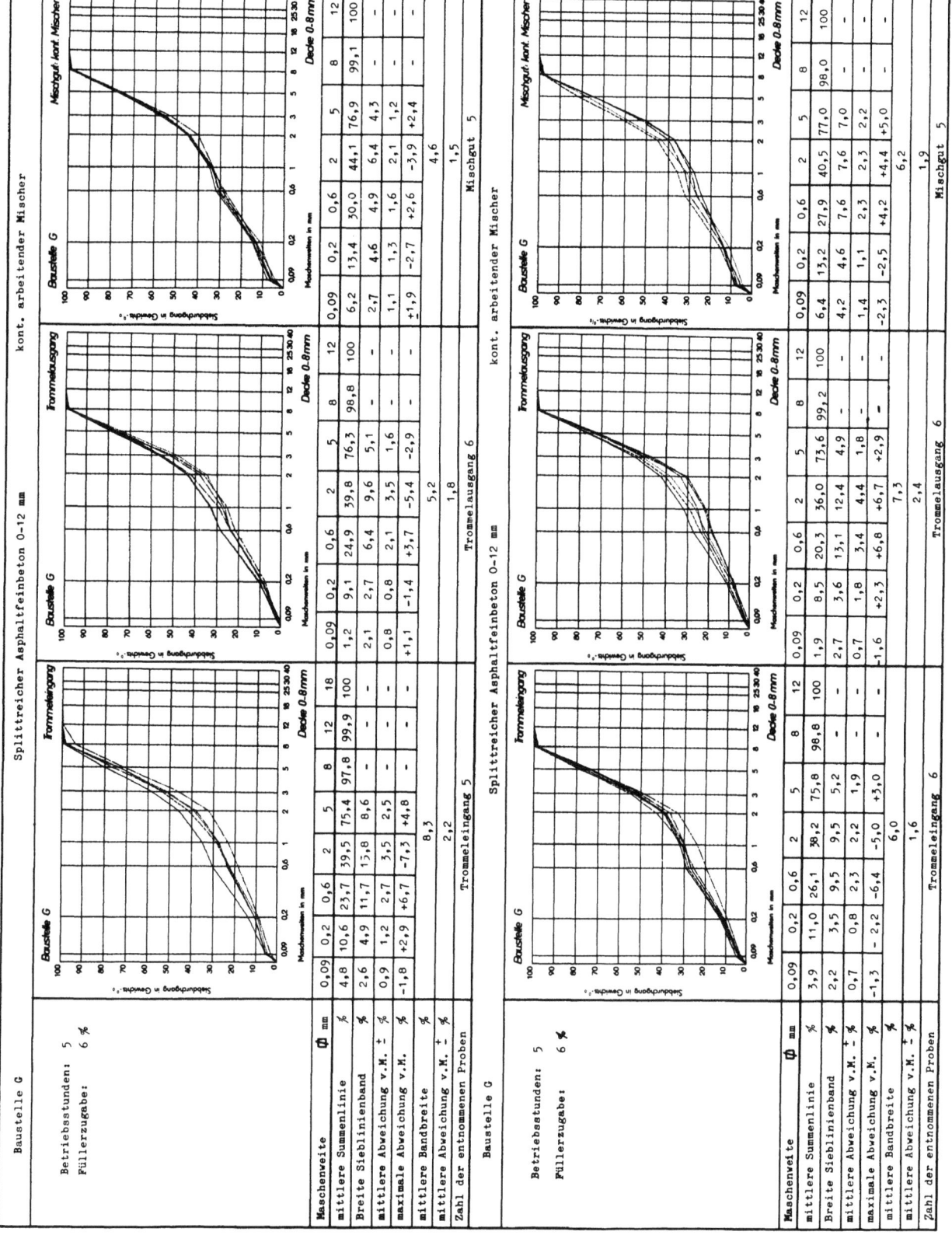

Baustelle G — Splittreicher Asphaltfeinbeton 0-12 mm — kont. arbeitender Mischer

Betriebsstunden: 5
Füllerzugabe: 6 %

Maschenweite	⌀ mm	0,09	0,2	0,6	1	2	5	8	12	18 25,30 40
mittlere Summenlinie	%	4,8	10,6	23,7	39,5	75,4	97,8	99,9	100	
Breite Sieblinienband	%	2,6	4,9	11,7	13,8	8,6	-	-	-	
mittlere Abweichung v.M. +	%	0,9	1,2	2,7	3,5	2,5	1,9	-	-	
maximale Abweichung v.M.	%	-1,8	+2,9	+6,7	-7,3	+4,8	+3,0	-	-	
mittlere Bandbreite	%	8,3								
mittlere Abweichung v.M. ±	%	2,2								
Zahl der entnommenen Proben		Trommeleingang 6								

Maschenweite	⌀ mm	0,09	0,2	0,6	1	2	5	8	12	16 25,30 40
mittlere Summenlinie	%	1,2	9,1	24,9	39,8	76,3	98,8	100		
Breite Sieblinienband	%	2,1	2,7	6,4	9,6	5,1	-	-		
mittlere Abweichung v.M. +	%	0,8	0,8	2,1	3,5	1,6	-	-		
maximale Abweichung v.M.	%	+1,1	-1,4	+3,7	-5,4	-2,9	-	-		
mittlere Bandbreite	%	5,2								
mittlere Abweichung v.M. ±	%	1,8								
Zahl der entnommenen Proben		Trommelausgang 6								

Maschenweite	⌀ mm	0,09	0,2	0,6	1	2	5	8	12 16 25,30 40
mittlere Summenlinie	%	6,2	13,4	30,0	44,1	76,9	99,1	100	
Breite Sieblinienband	%	2,7	4,6	4,9	6,4	4,3	-	-	
mittlere Abweichung v.M. +	%	1,1	1,3	1,6	2,1	1,2	-	-	
maximale Abweichung v.M.	%	+1,9	-2,7	+2,6	-3,9	+2,4	-	-	
mittlere Bandbreite	%	4,6							
mittlere Abweichung v.M. ±	%	1,5							
Zahl der entnommenen Proben		Mischgut 5							

Baustelle G — Splittreicher Asphaltfeinbeton 0-12 mm — kont. arbeitender Mischer

Betriebsstunden: 5
Füllerzugabe: 6 %

Maschenweite	⌀ mm	0,09	0,2	0,6	1	2	5	8	12	16 25,30 40
mittlere Summenlinie	%	3,9	11,0	26,1	38,2	75,8	98,8	100		
Breite Sieblinienband	%	2,2	3,5	9,5	9,5	5,2	-	-		
mittlere Abweichung v.M. +	%	0,7	0,8	2,3	2,2	1,9	-	-		
maximale Abweichung v.M.	%	-1,3	-2,2	-6,4	-5,0	+3,0	-	-		
mittlere Bandbreite	%	6,0								
mittlere Abweichung v.M. ±	%	1,6								
Zahl der entnommenen Proben		Trommeleingang 6								

Maschenweite	⌀ mm	0,09	0,2	0,6	1	2	5	8	12	16 25,30 40
mittlere Summenlinie	%	1,9	8,5	20,3	36,0	73,6	99,2	100		
Breite Sieblinienband	%	2,7	3,6	13,1	12,4	4,9	-	-		
mittlere Abweichung v.M. +	%	0,7	1,8	3,4	4,4	1,8	-	-		
maximale Abweichung v.M.	%	-1,6	+2,3	+6,8	+6,7	+2,9	-	-		
mittlere Bandbreite	%	7,3								
mittlere Abweichung v.M. ±	%	2,4								
Zahl der entnommenen Proben		Trommelausgang 6								

Maschenweite	⌀ mm	0,09	0,2	0,6	1	2	5	8	12 16 25,30 40
mittlere Summenlinie	%	6,4	13,2	27,9	40,5	77,0	98,0	100	
Breite Sieblinienband	%	4,2	4,6	7,6	7,6	7,0	-	-	
mittlere Abweichung v.M. +	%	1,4	1,1	2,3	2,3	2,2	-	-	
maximale Abweichung v.M.	%	-2,3	-2,5	+4,2	+4,4	+5,0	-	-	
mittlere Bandbreite	%	6,2							
mittlere Abweichung v.M. ±	%	1,9							
Zahl der entnommenen Proben		Mischgut 5							

T a b

Binde

Gegenüberstellung der mittleren Sieblinie

Mittellinien an den versc

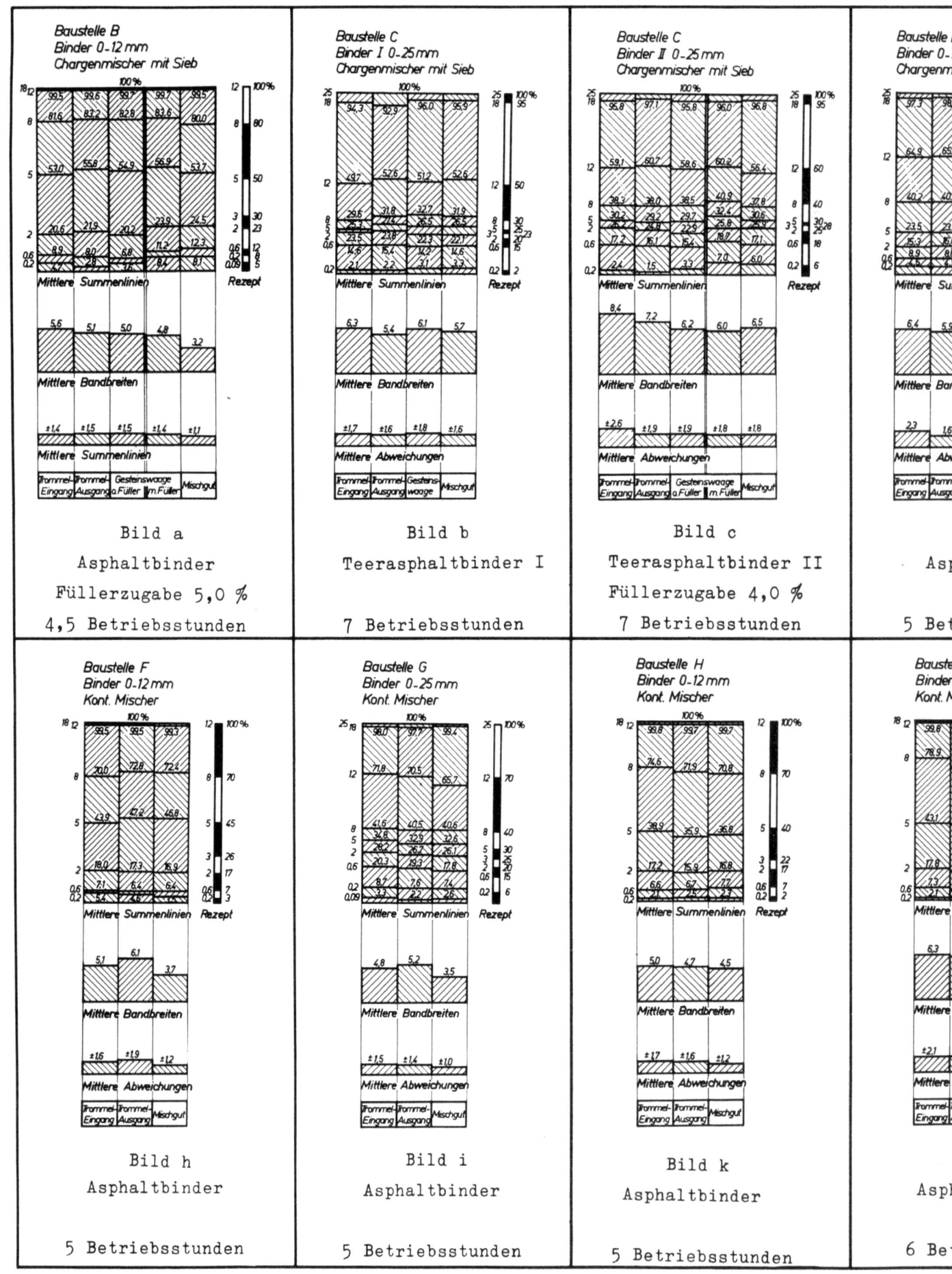

Bild a
Asphaltbinder
Füllerzugabe 5,0 %
4,5 Betriebsstunden

Bild b
Teerasphaltbinder I
7 Betriebsstunden

Bild c
Teerasphaltbinder II
Füllerzugabe 4,0 %
7 Betriebsstunden

Bild h
Asphaltbinder
5 Betriebsstunden

Bild i
Asphaltbinder
5 Betriebsstunden

Bild k
Asphaltbinder
5 Betriebsstunden

Bandbreiten und der Abweichungen von den
en Stellen der Probenahme

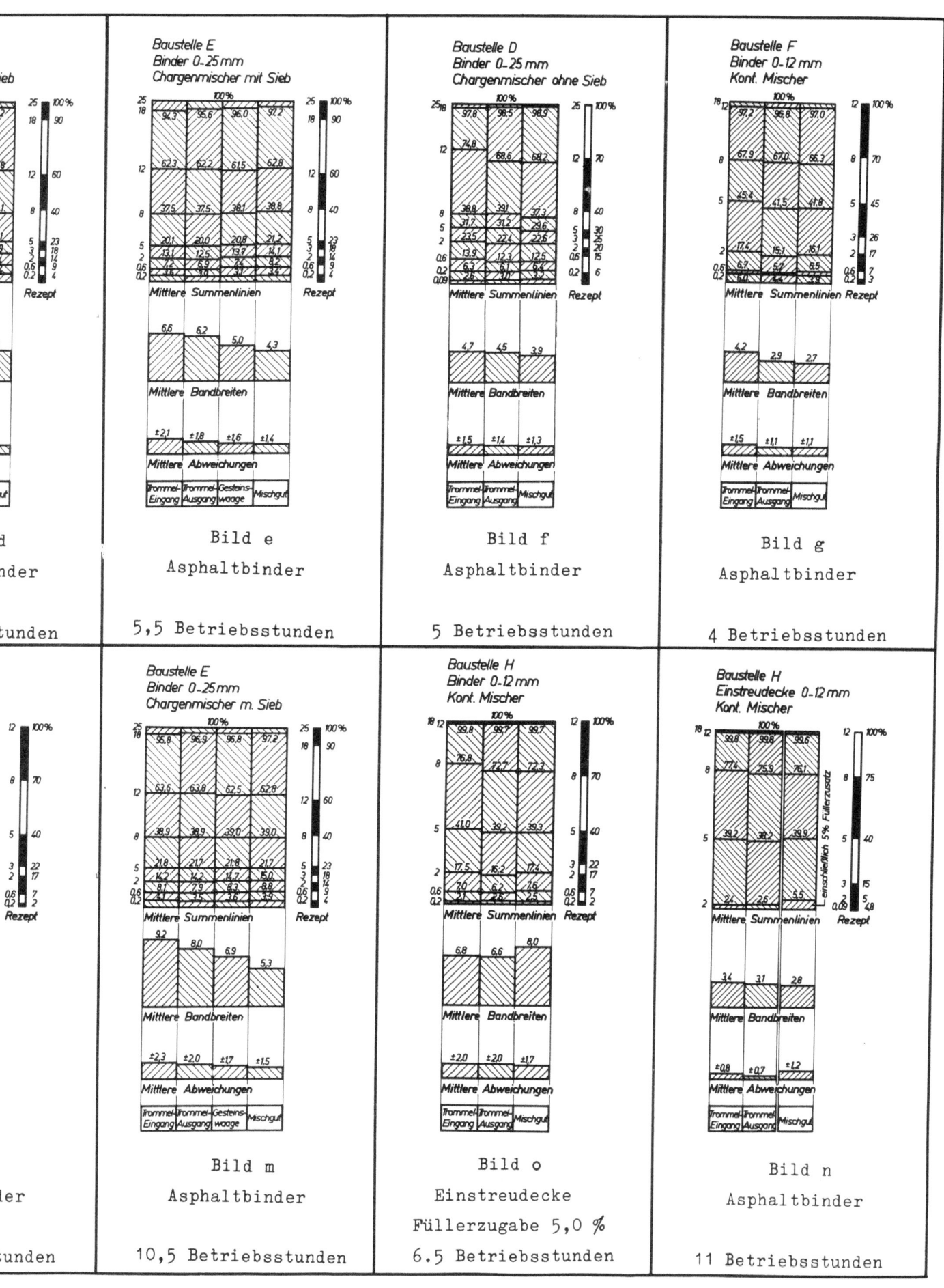

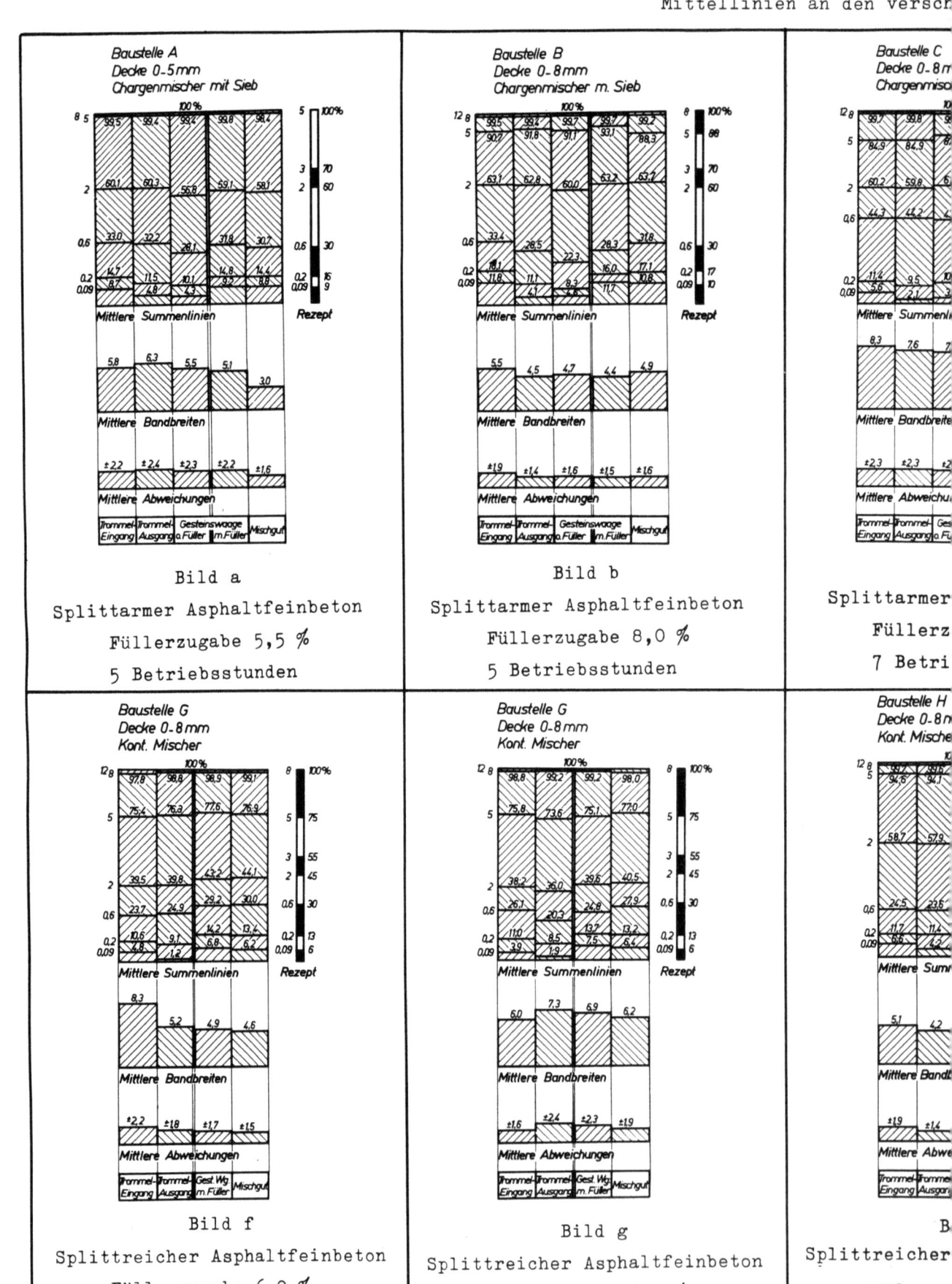

Bandbreiten und der Abweichungen von den
Stellen der Probenahme

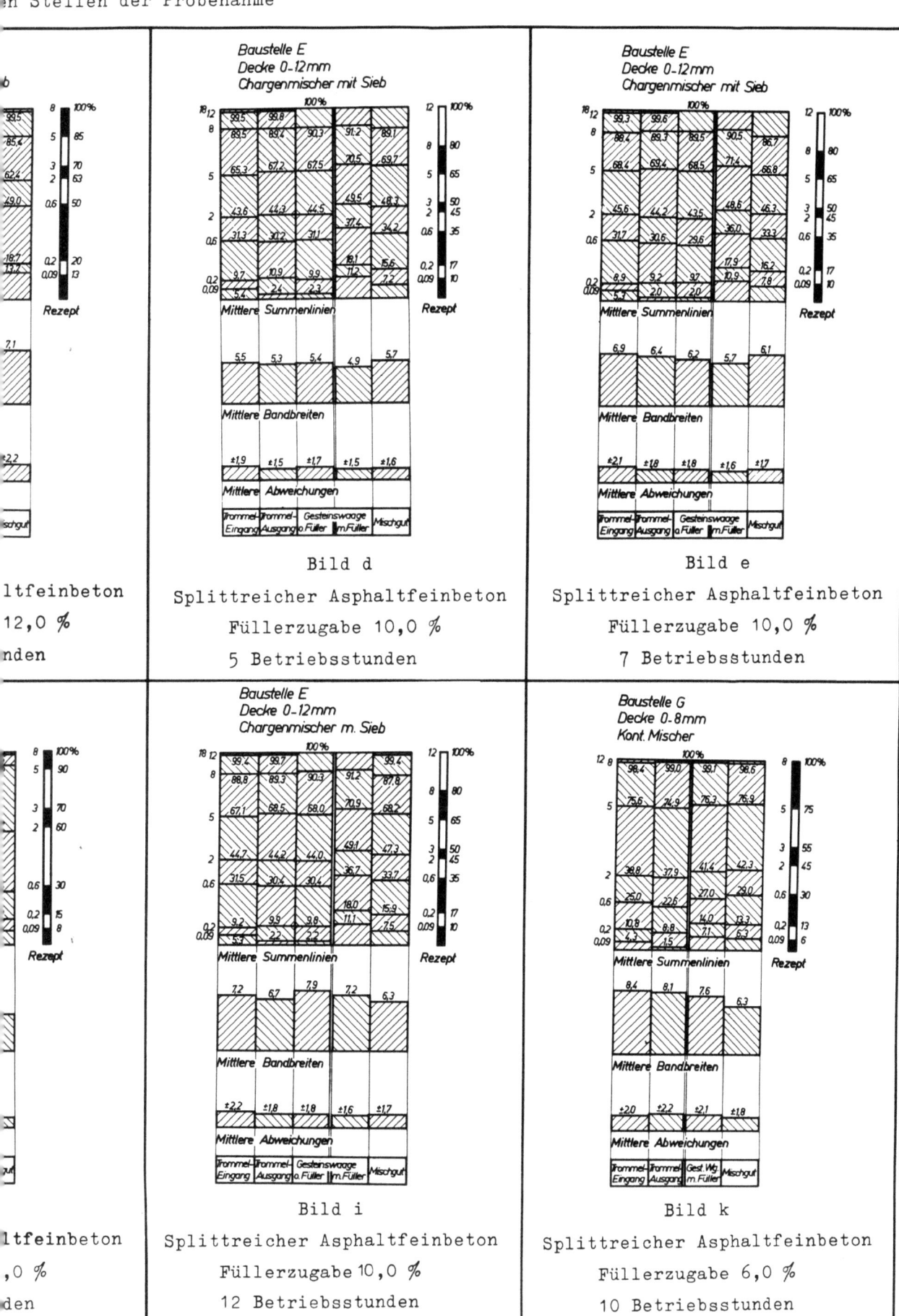

T a b e l l e 17

Gegenüberstellung der Sieblinien

Baustelle H		Einstreudecke 0-12 mm								kont. arbeitender Mischer								
Betriebsstunden: 6,5		*Baustelle H*								*Baustelle H*								
Füllerzugabe: 5 %																		
Maschenweite	⌀ mm	0,09	0,2	0,6	2	5	8	12	18	0,09	0,2	0,6	2	5	8	12	18
mittlere Summenlinie	%	0,1	0,2	0,3	2,4	39,2	77,4	99,8	100	0,2	0,4	0,7	2,6	30,2	75,9	99,8	100
Breite Sieblinienband	%	0,2	0,4	1,2	2,2	8,5	7,7	-	-	0,3	0,7	1,1	1,8	9,9	4,8	-	-
mittlere Abweichung v.M. +/-	%	0,1	0,1	0,4	0,6	1,9	1,6	-	-	0,1	0,1	0,3	0,5	2,1	1,0	-	-
maximale Abweichung v.M.	%	-0,2	-0,3	+0,7	-1,1	+4,6	-2,8	-	-	-0,2	+0,5	+0,6	-1,0	+5,0	+2,9	-	-
mittlere Bandbreite	%					3,4								3,1			
mittlere Abweichung v.M. +/-	%					0,8								0,7			
Zahl der entnommenen Proben						Trommeleingang 10								Trommelausgang 11			

T a b e l l e 18

Sieblinien und Abweichungen bei Probenahme in kurzen Abständen

| Baustelle E | Asphaltfeinbeton | Chargenmischer mit Sieb |

6 Proben in 30 min
Füllerzugabe: 10 %

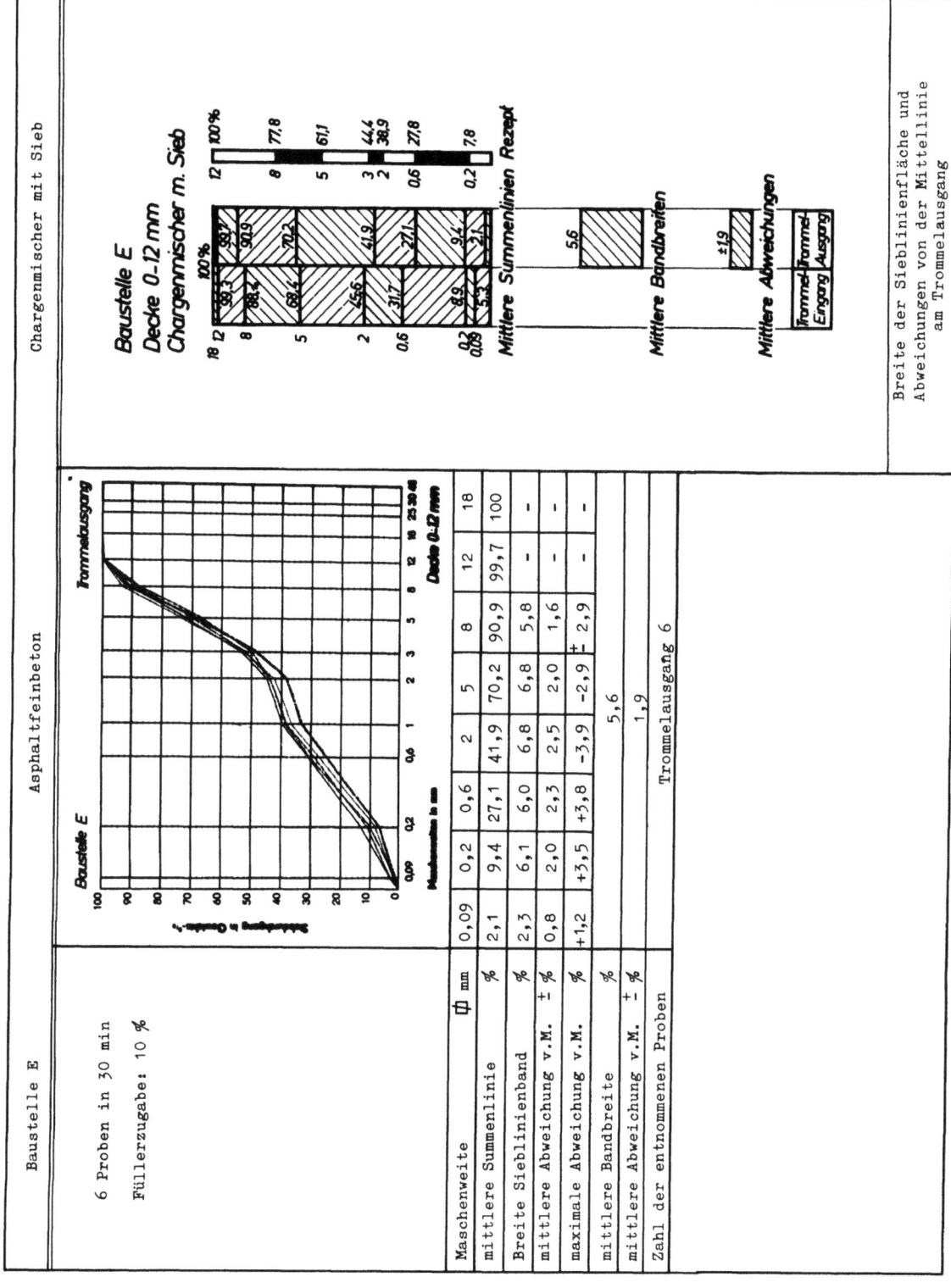

Maschenweite	Ø mm	0,09	0,2	0,6	2	5	8	12	18
mittlere Summenlinie	%	2,1	9,4	27,1	41,9	70,2	90,9	99,7	100
Breite Sieblinienband	%	2,3	6,1	6,0	6,8	6,8	5,8	–	–
mittlere Abweichung v.M. ±	%	0,8	2,0	2,3	2,5	2,0	1,6	–	–
maximale Abweichung v.M.	%	+1,2	+3,5	+3,8	−3,9	+−2,9	+−2,9	–	–
mittlere Bandbreite	%				5,6				
mittlere Abweichung v.M. ±	%				1,9				
Zahl der entnommenen Proben				Trommelausgang 6					

Breite der Sieblinienfläche und Abweichungen von der Mittellinie am Trommelausgang

Tabelle 19

Leistungsmessungen an den Antriebsmotoren einer Aufbereitungsanlage (Baustelle E)

Chargenzwangsmischer 1000 kg

Spieldauer 1,50 min Füllerzugabe 10 %

Asphaltfeinbeton 0-12 mm Bitumenzugabe 7,3 % B 200

Antriebsmotor für	Nennleistung des Motors kW	Arbeitsgang	gemessene Wirkleistung N_w kW	Anteil je Spiel min	elektr. Arbeitsaufwand je Spiel (1000 kg) kWh	elektr. Arbeitsaufwand je t Mischgut kWh/t
Kaltelevator	4,4	Becher leer	0,856	-	- -	0,030
		Becher voll	1,205	1,50	0,030	
Trockentrommel Ø 1250, l=8000 n=14 U/min	15,0	Trommel leer	3,804	-	- -	0,238
		mit Gestein	9,510	1,50	0,238	
Brennergebläse	8,0	Betrieb	6,055	1,50	0,151	0,151
Entstaubung	11,0	Betrieb	7,767	1,50	0,190	0,190
Heißelevator	4,4	Becher leer	0,919	-	-	0,029
		Becher voll	1,141	1,50	0,029	
Siebanlage (Eineinhalbdecker 1000 x 4000 mm)	5,5	Sieb leer	2,219	-	-	0,055
		mit Gestein	2,219	1,50	0,055	
Beschickeraufzug	9,0	Rücklauf	1,110	0,23	0,004	0,032
		Leerlauf	0,476	1,02	0,008	
		Aufzug	4,121	0,23	0,016	
		Kippen	11,412	0,02	0,004	
Chargenmischer 1000 kg n = 60 U/min	30,0	Mischer leer	5,706	0,23	0,022	0,514
		Füllung 1000 kg	25,244	1,27	0,492	
Füllerschnecke	3 x 1,1	Fördern	1,901	0,50	0,016	0,016
Bitumenpumpe	3,0	Kreislauf	0,761	1,50	0,019	0,019
Kompressor für Druckluftsteuerung	7,4	Betrieb i.M.	3,804	1,50	0,095	0,095
		maximal	5,231	-	-	
Σ = 101,0						Σ = 1,369

T a b e l l e 20

Bindemittelverteilung in den Mischgutproben

Baustelle	Mischer-Bauart	B=Bindersch. D=Deckschicht	Körnung mm	Mischspiel i.M. min	Mischtemperatur i.M. °C	Fülleranteile nach Rezept %	Fülleranteile vorhanden i.M. %	Bindemittelanteil nach Rezept Bezeichnung	Bindemittelanteil nach Rezept Anteil x) %	vorhandene Bindemittelanteile x) min. %	vorhandene Bindemittelanteile x) max. %	vorhandene Bindemittelanteile x) i.M. %	vorhandene Bindemittelanteile x) mittl. Abweichung v.% M.	erreichte Umhüllungsgrade min. %	erreichte Umhüllungsgrade max. %	erreichte Umhüllungsgrade i.M. %	erreichte Umhüllungsgrade mittl. Abweichung v.% M.
B	Ch.	B	0 - 12	1,30	140/150	5,0	6,1	B 200	5,0	4,4	4,9	4,60	±0,15	88,0	92,4	90,5	±1,47
C	Ch.	B	0 - 25	1,36	120/140	-	1,2	B 80 + 15 %	4,7	4,2	5,3	4,63	±0,34	89,6	94,4	92,9	±1,45
C	Ch.	B	0 - 25	1,36	120/140	4,0	4,0	T140/240	5,3	4,5	5,8	5,26	±0,41	89,5	90,0	89,8	±0,25
E	Ch.	B	0 -25	1,40	140/160	-	2,2	B 200	5,0	3,7	4,6	4,08	±0,27	82,4	89,8	86,3	±2,69
D	Ch.	B	0 - 25	1,40	150/170	-	3,2	B 80	5,0	4,4	4,8	4,62	±0,11	89,9	96,3	94,3	±2,00
G	k.	B	0 - 25	0,36 je 60 kg	140/160	-	2,6	B 80	5,0	4,6	5,3	4,88	±0,18	79,6	88,8	84,1	±2,64
H	k.	B	0 - 12	0,37 je 100 kg	140/160	-	1,1	B 120	4,5	3,8	4,5	4,11	±0,18	83,5	91,3	85,5	±1,69
A	Ch.	D	0 - 5	1,60	140/160	9,0	8,8	B 200	7,2	6,7	7,2	6,95	±0,24	83,8	84,8	84,3	±0,50
B	Ch.	D	0 - 8	1,55	140/160	10,0	10,8	B 200	7,8	6,4	7,2	6,54	±0,18	88,2	89,0	88,6	±0,40
C	Ch.	D	0 - 8	1,50	150/170	13,0	13,7	B 80	8,0	7,4	8,4	7,94	±0,31	91,8	94,0	92,9	±0,52
E	Ch.	D	0 - 12	1,50	140/160	10,0	7,5	B 200	7,3	5,7	7,1	6,29	±0,28	86,0	91,6	88,1	±1,72
G	k.	D	0 - 8	0,42 je 60 kg	160/170	6,0	6,3	B 80	6,8	6,4	7,3	6,85	±0,27	86,4	94,1	90,3	±2,38
H	k.	D	0 - 8	0,42 je 100 kg	150/160	8,0	7,3	B 120	7,0	7,2	8,1	7,69	±0,27	87,6	90,5	89,1	±1,12

x) auf das Mineralgewicht bezogen

FORSCHUNGSBERICHTE
DES LANDES NORDRHEIN-WESTFALEN
Herausgegeben durch das Kultusministerium

FERTIGUNG

HEFT 11
Laboratorium für Werkzeugmaschinen und Betriebslehre, Technische Hochschule Aachen
1. Untersuchungen über Metallbearbeitung im Fräsvorgang mit Hartmetallwerkzeugen und negativem Spanwinkel
2. Weiterentwicklung des Schleifverfahrens für die Herstellung von Präzisionswerkstücken unter Vermeidung hoher Temperaturen
3. Untersuchung von Oberflächenveredlungsverfahren zur Steigerung der Belastbarkeit hochbeanspruchter Bauteile
1953, 80 Seiten, 61 Abb., DM 15,75

HEFT 47
Prof. Dr.-Ing. K. Krekeler, Aachen
Versuche über die Anwendung der induktiven Erwärmung zum Sintern von hochschmelzenden Metallen sowie zur Anlegierung und Vergütung von aufgespritzten Metallschichten mit dem Grundwerkstoff
1954, 66 Seiten, 39 Abb., 11 Tabellen, DM 13,90

HEFT 53
Prof. Dr.-Ing. H. Opitz, Aachen
Reibwert und Verschleißmessungen an Kunststoffgleitführungen für Werkzeugmaschinen
1954, 38 Seiten, 18 Abb., DM 8,20

HEFT 66
Dr.-Ing. P. Füsgen VDI †, Düsseldorf
Untersuchungen über das Auftreten des Ratterns bei selbsthemmenden Schneckengetrieben und seine Verhütung
1954, 32 Seiten, 5 Abb., DM 6,60

HEFT 86
Prof. Dr.-Ing. H. Opitz, Aachen
Untersuchungen über das Fräsen von Baustahl sowie über den Einfluß des Gefüges auf die Zerspanbarkeit
1954, 108 Seiten, 73 Abb., 7 Tabellen, DM 22,—

HEFT 99
Prof. Dr. G. Garbotz, Aachen
Der Kraft- und Arbeitsaufwand sowie die Leistungen beim Biegen von Bewehrungsstählen in Abhängigkeit von den Abmessungen, den Formen und der Güte der Stähle (Ermittlung von Leistungsrichtlinien)
1955, 136 Seiten, 53 Abb., 3 Anlagen, 18 Tabellen, DM 30,—

HEFT 101
Prof. Dr.-Ing. H. Opitz, Aachen
Wirtschaftlichkeitsbetrachtungen beim Außenrundschleifen
1955, 100 Seiten, 56 Abb., 3 Tabellen, DM 19,30

HEFT 112
Prof. Dr.-Ing. H. Opitz, Aachen
Verschleißmessungen beim Drehen mit aktivierten Hartmetallwerkzeugen
1954, 44 Seiten, 17 Abb., 6 Tabellen, DM 8,80

HEFT 135
Prof. Dr.-Ing. K. Krekeler und Dr.-Ing. H. Peukert, Aachen
Die Änderung der mechanischen Eigenschaften thermoplastischer Kunststoffe durch Warmrecken
1955, 54 Seiten, 27 Abb., DM 11,10

HEFT 207
Prof. Dr.-Ing. H. Opitz, Dipl.-Ing. K. H. Fröhlich und Dipl.-Ing. H. Siebel, Aachen
Richtwerte für das Fräsen von unlegierten und legierten Baustählen mit Hartmetall. I. Teil
1956, 48 Seiten, 27 Abb., 3 Tabellen, DM 11,10

HEFT 215
Prof. Dr.-Ing. H. Opitz und Dr.-Ing. G. Weber, Aachen
Einfluß der Wärmebehandlung von Baustählen auf Spanentstehung, Schnittkraft- und Standzeitverhalten
1956, 70 Seiten, 30 Abb., 11 Tabellen, DM 18,40

HEFT 232
Prof. Dr.-Ing. O. Kienzle, Hannover und Dr.-Ing. H. Münnich, Schweinfurt
Feststellung der Spannungen und Dehnungen und Bruchdrehzahlen der unter Fliehkraft und Bearbeitungskraft beanspruchten Schleifkörper
1957, 130 Seiten, 67 Abb., 12 Tabellen, DM 31,35

HEFT 245
Prof. Dr.-Ing. habil. K. Krekeler, Aachen
Das Verbinden von Metallen durch Kunstharzkleber. Teil I: Eigenschaften und Verwendung der Metallklebstoffe
1956, 48 Seiten, 8 Abb., DM 10,25

HEFT 246
Prof. Dr.-Ing. habil. K. Krekeler, Aachen
Das Verbinden von Metallen durch Kunstharzkleber. Teil II: Untersuchungen an geklebten Leichtmetall-Verbindungen
1956, 80 Seiten, 40 Abb., DM 17,50

HEFT 262
Dr.-Ing. W. Batel, Aachen
Untersuchungen zur Absiebung feuchter, feinkörniger Haufwerke und Schwingsieben
1956, 90 Seiten, 45 Abb., 22 Diagramme, 5 Tabellen DM 23,40

HEFT 271
Prof. Dr.-Ing. H. Opitz und Dipl.-Ing. H. Axer, Aachen
Beeinflussung des Verschleißverhaltens bei spanenden Werkzeugen durch flüssige und gasförmige Kühlmittel und elektrische Maßnahmen
1956, 46 Seiten, 28 Abb., DM 10,70

HEFT 284
Prof. Dr. F. Wever, Düsseldorf, Dr.-Ing. H. J. Wiester, Essen, Dr.-Ing. F. W. Straßburg, Duisburg, Prof. Dr.-Ing. H. Opitz, Aachen und Dr.-Ing. K. H. Fröhlich, Köln
Einfluß des Gefüges auf die Zerspanbarkeit von Einsatz- und Vergütungsstählen
1957, 88 Seiten, 126 Abb., 11 Tabellen, DM 22,45

HEFT 287
Prof. Dr.-Ing. habil. K. Krekeler, Aachen
Änderungen der mechanischen Eigenschaftswerte thermoplastischer Kunststoffe bei Beanspruchung in verschiedenen Medien
1956, 62 Seiten, 23 Abb., 5 Tabellen, DM 13,70

HEFT 288
Dr. K. Brücker-Steinkuhl, Düsseldorf
Anwendung mathematisch-statischer Verfahren in der Industrie
1956, 103 Seiten, 27 Abb., 14 Tabellen, DM 24,20

HEFT 295
Prof. Dr.-Ing. H. Opitz und Dipl.-Ing. H. Axer, Aachen
Untersuchung und Weiterentwicklung neuartiger elektrischer Bearbeitungsverfahren
1956, 42 Seiten, 27 Abb., DM 10,30

HEFT 296
Prof. Dr.-Ing. H. Opitz, Aachen
I. Untersuchungen an elektronischen Regelantrieben
II. Statische Untersuchungen zur Ausnutzung von Drehbänken
1956, 46 Seiten, 18 Abb., DM 10,40

HEFT 304
Prof. Dr.-Ing. K. Krekeler, Düsseldorf und Dipl.-Ing. A. Kleine-Albers, Aachen
Beitrag zur thermoelastischen Warmformbarkeit von Hart-PVC
1957, 72 Seiten, 29 Abb., DM 17,70

HEFT 320
Dr. H.-E. Caspary, Köln
Verwendung von Szintillationszählern an Stelle von Zählrohren zur zerstörungsfreien Materialprüfung
1956, 42 Seiten, 13 Abb., 2 Tabellen, DM 10,10

HEFT 324
Prof. Dr.-Ing. H. Opitz, Priv.-Doz. Dr.-Ing. E. Saljé und Dipl.-Ing. K. E. Schwartz, Aachen
Richtwerte für das Außenrund-Längs- und Einstechschleifen
1956, 62 Seiten, 44 Abb., 2 Tabellen, DM 13,85

HEFT 327
Prof. Dr.-Ing. habil. K. Krekeler und Dr.-Ing. H. Peukert, Aachen
Beitrag zur thermoelastischen Formbarkeit von Polyäthylen
1956, 56 Seiten, 49 Abb., 9 Tabellen, DM 12,80

HEFT 350
Prof. Dr.-Ing. habil. K. Krekeler und Dr.-Ing. H. Peukert, Aachen
Das Spannungsverhalten der Kunststoffe bei der Verarbeitung
1958, 24 Seiten, 12 Abb., DM 20,—

HEFT 351
Prof. Dr.-Ing. H. Opitz, Dipl.-Ing. H. Axer und Dipl.-Ing. H. Rhode, Aachen
Zerspanbarkeit hochwarmfester und nichtrostender Stähle. Teil I
1957, 96 Seiten, 73 Abb., 2 Tabellen, DM 21,80

HEFT 385
Prof. Dr.-Ing. H. Opitz, Dr. Ing. H. Axer und Dipl.-Ing. H. Rohde, Aachen
Zerspanbarkeit hochwarmfester und nichtrostender Stähle. Teil II
1957, 86 Seiten, 54 Abb., 5 Tabellen, DM 19,30

HEFT 386
Prof. Dr.-Ing. H. Opitz und Dipl.-Ing. O. Hake, Aachen
Standzeituntersuchungen und Verschleißmessungen mit radioaktiven Isotopen
1958, 36 Seiten, 33 Abb., 3 Tabellen, DM 12,75

HEFT 395
Dipl.-Ing. L. Hahn, Clausthal-Zellerfeld
Untersuchungen zur Frage des optimalen Bohrloch- und Patronendurchmessers
1957, 132 Seiten, 49 Abb., 19 Tabellen, DM 31,25

HEFT 405
Prof. Dr.-Ing. H. Opitz und Dipl.-Ing. H. Schuler, Aachen
Untersuchungen für einen Wirtschaftlichkeitsvergleich der Feinbearbeitungsverfahren
1958, 72 Seiten, 43 Abb., DM 17,90

HEFT 406
W. Kirsch, Chemieprodukte GmbH., Leverkusen-Rheindorf
Entwicklungsarbeiten auf dem Gebiete des Korrosionsschutzes und der Abdichtung
1957, 76 Seiten, 28 Abb., 11 Tabellen, DM 19,—

HEFT 408
Prof. Dr. phil. F. Wever, Dr.-Ing. W. Lueg und Dr.-Ing. H. G. Müller, Düsseldorf
Kraft- und Arbeitsbedarf beim Warmscheren von Stahl in Abhängigkeit von Temperatur und Schnittgeschwindigkeit
1957, 46 Seiten, 15 Abb., 3 Tabellen, DM 11,35

HEFT 413
Prof. Dr.-Ing. H. Opitz, Dipl.-Ing. H. Siebel und Dipl.-Ing. R. Fleck, Aachen
Richtwerte für das Fräsen von unlegierten und legierten Baustählen mit Hartmetall, Teil II
1957, 56 Seiten, 35 Abb., 4 Tabellen, DM 14,40

HEFT 426
Prof. Dr.-Ing. H. Opitz und Dipl.-Ing. W. Scholz, Aachen
Untersuchungen über den Räumvorgang
1957, 74 Seiten, 36 Abb., 7 Tabellen, DM 16,55

HEFT 447
Prof. Dr.-Ing. F. Bollenrath, Aachen, Dr.-Ing. H. Füllenbach, Seesen/Harz und Dipl.-Ing. J. Schumacher, Neubeckum/Westf.
Entwicklung rationell arbeitender Spritzkabinen
1958, 44 Seiten, 26 Abb., DM 13,55

HEFT 465
Dr.-Ing. R. Koch, Köln
Amerikanische Fertigungsunterlagen und ihre Werkstattreifmachung für deutsche Betriebe
1958, 54 Seiten, 19 Abb., DM 17,35

HEFT 474
Dr.-Ing. R. Ibing und Dipl.-Ing. G. Meier, Hannover
Eichung und Entwicklung von Staubentnahmesonden
1958, 32 Seiten, 9 Abb., 2 Tabellen, DM 8,65

HEFT 520
Prof. Dr.-Ing. H. Opitz, Dipl.-Ing. H. Obrig und Dipl.-Ing. P. Kips, Aachen
Untersuchung neuartiger elektrischer Bearbeitungsverfahren
1958, 44 Seiten, 35 Abb., 2 Tabellen, DM 14,70

HEFT 521
Prof. Dr.-Ing. H. Opitz und Dipl.-Ing. K. E. Schwartz, Aachen
Das Abrichten von Schleifscheiben mit Diamanten
1958, 72 Seiten, 34 Abb., 3 Tabellen, DM 17,15

HEFT 570
Prof. Dr.-Ing. habil. K. Krekeler, Dr.-Ing. H. Peukert und Dipl.-Ing. O. Schwarz, Aachen
Kerbempfindlichkeit thermoplastischer Kunststoffe abhängig von der Kerbform und der Beanspruchungstemperatur
1958, 40 Seiten, 24 Abb., 12 Tabellen, DM 13,30

HEFT 603
Prof. Dr.-Ing. L. Engel und Dr.-Ing. J. Foerster, Clausthal-Zellerfeld
Gummielastische Stoffe als Dämpfungselemente an schlagenden Werkzeugen
1959, 48 Seiten, 36 Abb., DM 14,70

HEFT 605
Ing. L. Bommes, M.-Gladbach
Bestimmung von Leistung und Wirkungsgrad eines Ventilators
1958, 46 Seiten, 29 Abb., 3 Tabellen, DM 12,60

HEFT 638
Prof. Dr.-Ing. H. Opitz, Dr.-Ing. H. Schuler und Dipl.-Ing. P.-H. Brammertz, Düsseldorf
Die Werkstückgüte beim Feindrehen und Feinschleifen und ihr Einfluß auf die Fertigungskosten
1958, 46 Seiten, 29 Abb., DM 12,80

HEFT 643
Max-Planck-Institut für Silikatforschung, Würzburg
Spannungsmessungen an Schleifkörpern
1958, 38 Seiten, 22 Abb., DM 11,70

HEFT 664
Dr. phil. habil. P. Hölemann und Ing. R. Hasselmann, Düsseldorf-Reisholz
Die Bestimmung der Gasausbeute von Karbid
1958, 22 Seiten, 3 Abb., 5 Tabellen, DM 6,70

HEFT 666
Prof. Dr.-Ing. K. Krekeler, Dr.-Ing. H. Peukert und Dipl.-Ing. B. Frerichmann, Aachen
Die Infraroterwärmung an thermoplastischen Kunststoffen
1959, 82 Seiten, 77 Abb., 5 Tabellen, DM 22,60

HEFT 693
Prof. Dr.-Ing. O. Kienzle, Hannover
Einige Untersuchungen über das Schneiden von Blechen
1959, 56 Seiten, 54 Abb., 3 Tabellen, DM 17,40

HEFT 707
Prof. Dr.-Ing. habil. K. Krekeler und Dipl.-Ing. H. Verhoeven, Aachen
Untersuchungen über Bolzenschweißverfahren
in Vorbereitung

HEFT 708
Prof. Dr.-Ing. habil. K. Krekeler, Dr.-Ing. H. Peukert und Dipl.-Ing. J. Zähren, Aachen
Die Schweißbarkeit weicher Kunststoff-Schaumstoffe
1959, 34 Seiten, 28 Abb., 3 Tabellen, DM 10,90

HEFT 745
Prof. Dr.-Ing. W. Batel, Aachen
Über die Zerkleinerung zwischen Mahlhilfskörpern in Schwing- und Rohrmühlen und über die Kennzeichnung und Analyse des Mahlgutes
1959, 94 Seiten, DM 27,30

HEFT 747
Dr.-Ing. G. Seulen und Ing. H. Geisel, Düsseldorf
Ermittlung der Einhärtungstiefen beim Induktionshärten mit einer Frequenz von 10 kHz
1959, 26 Seiten, 19 Abb., 2 Tabellen DM 7,90

HEFT 764
Prof. Dr.-Ing. H. Opitz, Dr.-Ing. H. Siebel und Dipl.-Ing. R. Fleck, Aachen
Keramische Schneidstoffe
1959, 30 Seiten, 18 Abb., DM 9,80

HEFT 770
Dr.-Ing. R. Bressler, Leverkusen
Untersuchung des Wärmeüberganges in einem Dünnschichtverdampfer
In Vorbereitung

HEFT 771
Dr.-Ing. B. Hille, Aachen
Die Veränderungen des Kornaufbaues während des Betriebsablaufes beim Aufbereiten von bituminösem Mischgut

HEFT 775
Prof. Dr.-Ing. H. Opitz
Automatische Erfassung der Maßabweichung der Werkstücke zum Zweck der selbständigen Korrektur der Maschine
1959, 38 Seiten, 27 Abb., DM 11,40

HEFT 777
Prof. Dr.-Ing. H. Opitz und Dipl.-Ing. P.-H. Brammertz, Aachen
Werkstückgüte und Fertigkeitskosten beim Innen-Feindrehen und Außenrund-Einsteckschleifen
1959, 92 Seiten, 68 Abb., DM 25,30

HEFT 788
Prof. Dr.-Ing. Herwart Opitz, Aachen
Der Einsatz radioaktiver Isotope bei Zerspannungsuntersuchungen
In Vorbereitung

HEFT 806
Prof. Dr.-Ing. H. Opitz u. a., Aachen
Untersuchungen von Zahnradgetrieben und Zahnradbearbeitungsmaschinen
In Vorbereitung

HEFT 809
Prof. Dr.-Ing. H. Opitz und Dipl.-Ing. H. H. Herold, Aachen
Untersuchung von elektro-mechanischen Schaltelementen
in Vorbereitung

HEFT 810
Prof. Dr.-Ing. H. Opitz und Dr.-Ing. N. Maas, Aachen
Das dynamische Verhalten von Lastschaltgetrieben
in Vorbereitung

HEFT 812
Prof. Dr.-Ing. O. Kienzle und Dipl.-Ing. K. Mietzner, Hannover, im Auftrage der VDI-Fachgruppe „Betriebstechnik", Düsseldorf
Die mikrogeometrischen Veränderungen der Oberfläche beim kalten Umformen
in Vorbereitung

HEFT 820
Prof. Dr.-Ing. H. Opitz, Dipl.-Ing. H. Rohde und Dipl.-Ing. W. König, Aachen
Untersuchungen der Spanformung durch Spanbrecher beim Drehen mit Hartmetallwerkzeugen
in Vorbereitung

HEFT 830
Prof. Dr.-Ing. H. Opitz, Dipl.-Ing. H. Uhrmeister und Dipl.-Ing. K. Jüstel, Aachen mit Dipl.-Ing. H. Bürklin in Fa. Schoppe & Faeser GmbH., Minden
Über Weggeber für automatisch gesteuerte Arbeitsmaschinen
in Vorbereitung

HEFT 831
Prof. Dr.-Ing. H. Opitz, Dr.-Ing. H.-G. Rohs und Dr.-Ing. G. Stute, Aachen
Statistische Untersuchungen über die Ausnutzung von Werkzeugmaschinen in der Einzel- und Massenfertigung
in Vorbereitung

Ein Gesamtverzeichnis der Forschungsberichte, die folgende Gebiete umfassen, kann bei Bedarf vom Verlag angefordert werden:

Acetylen / Schweißtechnik – Arbeitspsychologie und -wissenschaft – Bau / Steine / Erden – Bergbau – Biologie – Chemie – Eisenverarbeitende Industrie – Elektrotechnik / Optik – Fahrzeugbau / Gasmotoren – Farbe / Papier / Photographie – Fertigung – Gaswirtschaft – Hüttenwesen / Werkstoffkunde – Luftfahrt / Flugwissenschaften – Maschinenbau – Medizin / Pharmakologie / Physiologie – NE-Metalle – Physik – Schall / Ultraschall – Schiffahrt – Textiltechnik / Faserforschung / Wäschereiforschung – Turbinen – Verkehr – Wirtschaftswissenschaften.

MIX
Papier aus verantwortungsvollen Quellen
Paper from responsible sources
FSC® C105338

If you have any concerns about our products,
you can contact us on
ProductSafety@springernature.com

In case Publisher is established outside the EU,
the EU authorized representative is:
**Springer Nature Customer Service Center GmbH
Europaplatz 3, 69115 Heidelberg, Germany**

Printed by Libri Plureos GmbH
in Hamburg, Germany